Talsperrenstatik

Berechnung und Bemessung von Gewichtsstaumauern

Von

Othmar J. Rescher

Dipl.-Ing. Dr. techn.
Dozent an der Technischen Hochschule Wien
Chargé de cours à l'École polytechnique de l'Université de Lausanne

Mit 89 Abbildungen

Springer-Verlag Berlin Heidelberg GmbH
1965

Library of Congress Catalog Card Number 65-12628

ISBN 978-3-540-03389-9   ISBN 978-3-662-13080-3 (eBook)
DOI 10.1007/978-3-662-13080-3

Titel Nr. 1252

Vorwort

Bei der Planung von Talsperren sind die Gründungsverhältnisse
(Felsbeschaffenheit und Druckfestigkeit des Baugrundes) und die Talform zwei Faktoren, welche die Wahl der Talsperrenbauart wesentlich
beeinflussen. Je nach den örtlichen Gegebenheiten können auch klima-
tische Verhältnisse, hydraulische Anforderungen an das Bauwerk im
Bau und im fertigen Zustand, Bedeutung des Stauraums und Beschaffenheit des Speicherwassers, Verkehrs- und Versorgungsprobleme, Bau-
stoffbeschaffung (und -beschaffenheit), Maschineneinsatz, Arbeiterkon-
tingent und sonstige wirtschaftliche Erwägungen, aber auch Gründe
anderer Art, wie das Verhalten des Bauwerks gegenüber Erdbeben- und
Kriegseinwirkungen, die Eingliederung desselben in die Landschaft, entscheidend sein.

Die heute zur Ausführung gelangenden massiven Sperrenwerke sind:
1. Gewichtsstaumauern,
2. Bogengewichtsstaumauern,
3. Bogenstaumauern,
4. Schalen- und Kuppelstaumauern,
5. Pfeilerstaumauern,
6. aufgelöste Sperrentypen: Pfeilerplatten-, Pfeilergewölbe-, Pfeiler-
schalen- und Pfeilerkuppelstaumauern.

In seiner Gesamtheit stellt jedes Sperrenwerk ein kompliziertes
räumliches Tragwerk dar, dessen statisches Verhalten mehr oder weniger einer Berechnung zugängig ist. In dieser Hinsicht stellt ohne Zweifel die Gewichtsstaumauer, die bis Ende des vorigen Jahrhunderts den
Talsperrenbau allein beherrschte, den einfachsten Talsperrentyp dar.
Bei näherer Betrachtung zeigt es sich jedoch, daß sowohl beim Entwurf als auch bei der statischen Berechnung eine Reihe von Problemen
auftauchen, von denen manche weder theoretisch noch versuchsmäßig
vollkommen geklärt sind.

Im folgenden sollen die theoretischen Grundlagen zur Berechnung
von Gewichtsstaumauern eingehend behandelt werden. Obwohl derartige Sperrenwerke, deren Standsicherheit lediglich auf ihrer Gewichtswirkung beruht, heute vielfach durch andere Mauerformen in vorteilhafter Weise ersetzt werden können, haben sie dennoch im modernen
Talsperrenbau ihre Bedeutung, da infolge der zunehmenden Nachfrage

für den Wasser- und Kraftbedarf die Errichtung von Talsperren auch in breiten Tälern notwendig wurde und sich als wirtschaftlich erwiesen hat. Zahlreiche Sperrenwerke dieses Mauertyps sind daher in europäischen und außereuropäischen Ländern in den vergangenen drei Dezennien zur Ausführung gelangt. Die bisher höchste Talsperre der Welt, Grande Dixence (Schweiz) mit 284 m Höhe, welche im Jahre 1962 fertiggestellt wurde, ist eine Gewichtsstaumauer.

Wie jede andere Bauform von Talsperren hat selbstverständlich auch die Gewichtsstaumauer Vor- und Nachteile, die bei einer Verwirklichung sorgfältig abzuwägen sind. Da sie eine der ältesten Mauertypen ist, verfügt man hinsichtlich Planung, Ausführung und Verhalten derartiger Sperrenwerke über eine große Erfahrung; ihre Mängel sind infolge zahlreicher Beobachtungen derzeit vielleicht besser bekannt als die bei neueren Sperrentypen. Es steht jedoch außer Zweifel, daß es heute bei sorgfältiger Planung und Ausführung ohne weiteres möglich ist, ein sicheres Bauwerk dieser Art zu erstellen.

Zweck dieser Arbeit ist es, die Unterlagen, angepaßt an die neuesten Entwicklungen und Erkenntnisse, zum Entwurf und zur Berechnung einer sicheren und wirtschaftlichen Gewichtsstaumauer in übersichtlicher Form, durch Beispiele unterstützt, für den Studierenden und Praktiker zusammenzufassen. In der Fachpresse neueren Datums sind zwar zahlreiche Veröffentlichungen erschienen, welche das eine oder andere Problem behandeln, doch liegt für den Studierenden und Fachmann keine zusammenfassende Schrift vor. Die vorliegende Abhandlung soll diese Lücke schließen. Es ist beabsichtigt, dieser Schrift weitere Abhandlungen für die anderen üblichen Staumauertypen folgen zu lassen.

Wertvolles Bildmaterial wurde mir von der Grande Dixence S. A. in freundlicher Weise zur Verfügung gestellt. Herrn Prof. Dr. A. STUCKY verdanke ich manche Anregungen und die Unterlagen für die im Text angegebenen Ergebnisse von Berechnungen, welche in seinem Ingenieurbureau für die Sperre Grande Dixence durchgeführt wurden. Zu besonderem Dank bin ich Herrn Prof. Dr. A. GRZYWIENSKI für die Anregung zu dieser Arbeit und für wertvolle Ratschläge verpflichtet. Dem Verlag möchte ich an dieser Stelle meinen besten Dank für die sorgfältige Ausstattung des Buches und die rasche Drucklegung aussprechen.

Lausanne, im August 1965

Othmar J. Rescher

Inhaltsverzeichnis

Seite

I. Abschnitt

Die wirkenden Kräfte

Bei der statischen Berechnung von massiven Sperrenkörpern sind folgende Kraftwirkungen zu berücksichtigen:

1. Eigengewicht der Staumauer.
2. Wasserdruck aus dem Stauraum.
3. Wasserdruck vom Unterwasser.
4. Sohlen-, Fugen- und Porenwasserdruck.
5. Erdbebenkräfte.
6. Formänderungskräfte hervorgerufen durch Abgabe der Abbindewärme (erstmaliges Abkühlen), sowie durch Schwinden, Schwellen und Kriechen des Sperrenbetons.
7. Formänderungskräfte infolge witterungsbedingter Schwankungen der Bauwerkstemperatur.
8. Formänderungskräfte infolge Nachgiebigkeit der Felswiderlager.
9. Formänderungskräfte hervorgerufen durch eine Verformung des Stauraumes infolge Wasserlast.
10. Anlandungs- und Erddruck.
11. Eisdruck.
12. Wellenanprall.
13. Dynamische Kräfte hervorgerufen bei überströmtem oder von Rohrleitungen durchströmtem Sperrenkörper.
14. Kräfte hervorgerufen durch Sprengwirkungen im Kriegsfall.

Je nach dem statischen Verhalten der verschiedenen Mauertypen und der gegebenen örtlichen Verhältnisse treten einige dieser Kraftwirkungen ständig, andere nur zeitweise auf, und einige sind ganz vernachlässigbar. Es ist daher nötig, die Belastungsannahmen von Fall zu Fall genau festzulegen; im folgenden werden die erwähnten Kraftwirkungen einzeln besprochen.

1. Eigengewicht der Staumauer

Zur Berechnung der Gewichtskräfte einer Talsperre ist die Kenntnis des Raumgewichtes des Sperrenbetons erforderlich. Die heutige Betontechnik erlaubt es, ziemlich leicht einen eingerüttelten Massenbeton mit einem mittleren spezifischen Gewicht von $\gamma_b = 2{,}50$ t/m³ herzustellen. Eine Vorausberechnung des Raumgewichtes für die statische Berechnung ist im allgemeinen möglich. Bei der Herstellung von Probekörpern ist zu beachten, daß porenschaffende Zusatzmittel (Frostschutzmittel), welche dem Sperrenbeton häufig zugefügt werden, gewichtsmindernd wirken können. Der angenommene Wert des Raumgewichtes ist während der Bauausführung ständig zu überprüfen. Bei größeren Abweichungen ist die statische Berechnung zu berichtigen, sofern bei der Übertragung der aktiven Kräfte den Eigengewichtskräften eine wesentliche Bedeutung zukommt. So wurde beispielsweise bei der Talsperre Grande Dixence ein mittleres spezifisches Gewicht des Sperrenbetons von 2,57 t/m³ erreicht, während der maßgebenden Berechnung ein Wert von 2,45 t/m³ zugrunde gelegt wurde. Zur Erzielung eines hohen Raumgewichtes sind Zuschlagstoffe mit hohem Raumgewicht zu verwenden, der Bindemittelanteil ist möglichst gering zu halten, und die Einrüttelung ist wirksam und sorgfältig durchzuführen.

Die Art der Bauausführung ist bei der Berechnung der Wirkung der Gewichtskräfte nicht bedeutungslos und sollte zumindest bei der Planung von hohen Talsperren berücksichtigt werden.

2. Wasserdruck aus dem Stauraum

In die Berechnung ist der höchste überhaupt mögliche statische Wasserdruck einzuführen. Dieser ist durch den Wasserspiegel festgelegt, der mindestens in jener Höhe angenommen werden soll, die beim Abfluß der maximalen Wassermenge über den vorgesehenen Hochwasserüberfall erreicht wird.

Besondere Betriebsvorschriften für die Hochwasserabfuhr, zur Herabsetzung der Überströmungshöhe durch vorsorgliche Spiegelsenkung, sind außer acht zu lassen. Bei vorhandenen beweglichen Verschlußorganen ist mit deren Versagen zu rechnen und auf die normalerweise erzielte Herabsetzung der Überströmungshöhe zu verzichten. Gegebenenfalls ist mit einem Überströmen des Sperrenkörpers zu rechnen. Ist die Hochwassereinrichtung derart vorgesehen, daß ein Überströmen des Mauerkörpers nicht eintreten kann (Überlaufeinrichtungen, deren Schwellen mindestens um den Betrag der größten möglichen Überfallshöhe unter der Mauerkrone liegen), so wird der Berechnungswasserspiegel meist auf Kronenhöhe angenommen. Das spezifische Gewicht des Wassers wird üblicherweise mit 1,00 t/m³ in die Berechnung eingeführt. In Ausnahmefällen, bei schweb- und sinkstofführenden Gewässern, wird im unteren Teil der Mauer mit einem etwas größeren Wert gerechnet.

3. Wasserdruck vom Unterwasser

Bei vorhandenem Wasserbecken an der Luftseite der Talsperre ist der hydrostatische Wasserdruck von der Unterwasserseite auf die Talsperre nur bei leerem Staubecken zu berücksichtigen.

4. Sohlen-, Fugen- und Porenwasserdruck

Der Gleichgewichts- und der Spannungszustand einer Staumauer werden entscheidend von den Strömungsverhältnissen des im Gründungsfels und im Mauerkörper eindringenden Druckwassers beeinflußt. Die für die Dimensionierung getroffenen Annahmen entsprechend den Wirkungen von Sohlen-, Fugen- und Porenwasserdruck sind daher von großer Wichtigkeit. Durch konstruktive Maßnahmen, insbesondere durch eine sorgfältige Dichtung an der Wasserseite des Bauwerks und besondere Vorkehrungen gegen das Eindringen von Druckwasser von der Felssohle her, können die ungünstigen Wirkungen einer Sickerströmung stark herabgesetzt werden.

a) Sohlenwasserdruck

Jeder Staumauerkörper unterliegt nicht nur einer seitlichen Beanspruchung, ausgeübt von dem Wasserdruck aus dem Stauraum und eventuell vom Unterwasser her, sondern auch einer zusätzlichen Wasserbelastung in der Gründungssohle, verursacht durch die Durchlässigkeit und Klüftigkeit des Gründungsfelsens. Diese zusätzliche Beanspruchung durch den Sohlenwasserdruck bewirkt eine Erhöhung des Kippmomentes, welche bei der Stabilitätsuntersuchung einer Staumauer unbedingt zu berücksichtigen ist.

Trotz aller Sorgfalt und besonderer Vorkehrungen bei der Bauausführung, um die Staumauer mit dem Gründungsfelsen dicht zu verbinden, läßt es sich nicht vermeiden, daß Druckwasser in die Gründungsfuge eindringt. Dieses Druckwasser, das von unten her auf die Staumauer wirkt, hat das Bestreben, diese vom Gründungsfels abzuheben. Dies muß auf jeden Fall verhindert werden, und das gewählte Mauerprofil ist so zu bestimmen, daß die (wasserseitigen) Bodenpressungen nicht negativ werden können.

Da der Sohlenwasserdruck stets örtlichen Einflüssen unterworfen ist, ist seine Größe und Verteilung über die Gründungsfläche im allgemeinen ungleichmäßig und unstetig. Zahlreiche Untersuchungen und Messungen bestätigen diese Tatsache. Eine einheitliche Auffassung hinsichtlich der Berücksichtigung des Sohlenwasserdruckes bei der Berechnung besteht zur Zeit noch nicht. Über die verschiedenen heutigen Anschauungen kann zusammenfassend jedoch folgendes gesagt werden:

1*

Die Wirkung des Sohlenwasserdruckes unterliegt der Bestimmung des Anteils der dem Druckwasser ausgesetzten Fläche (Sohlenporosität, Flächenfaktor) und der Intensität des Druckwassers (Intensitätsfaktor). Unabhängig von der Tatsache, daß es bei vorhandenen, nicht abgedichteten Sickerungen (Kluftwasser) auch zur Ausbildung von Druckinseln kommen kann, scheint heute festzustehen, daß bei massiven Talsperren, unabhängig von der Betonqualität, beinahe die gesamte Gründungsfläche dem Wasserdruck ausgesetzt ist (92 bis 95%). In diesem Zusammenhang sei auf die theoretischen und praktischen Untersuchungen von TERZAGHI [25], LELIAVSKY [6], u. a. hingewiesen.

Die Intensität des in vertikaler Richtung wirkenden Wasserdruckes in der Gründungssohle hängt von den Druckverlusten der Sickerströmung unterhalb der Mauer ab. In den meisten Fällen wird sich eine starke Abminderung des Sohlenwasserdruckes von der Wasser- zur Luftseite hin einstellen. Seine Verteilung über die Gründungsfläche ist somit von den Abdichtungs- und Entwässerungsmaßnahmen, dem Anschluß der Mauer an den Untergrund und von der Beschaffenheit des Untergrundes selbst abhängig. Auf Grund dieser Erwägungen und zahlreicher Messungen an ausgeführten Sperrenwerken werden in der Praxis verschiedene Annahmen über die Sohlenwasserdruckverteilung benützt. Naturgemäß kommt dem Sohlenwasserdruck bei Gewichtsmauern und Bogengewichtsmauern eine weit größere Bedeutung zu als bei dünnwandigen Bogenstaumauern und aufgelösten Staumauertypen.

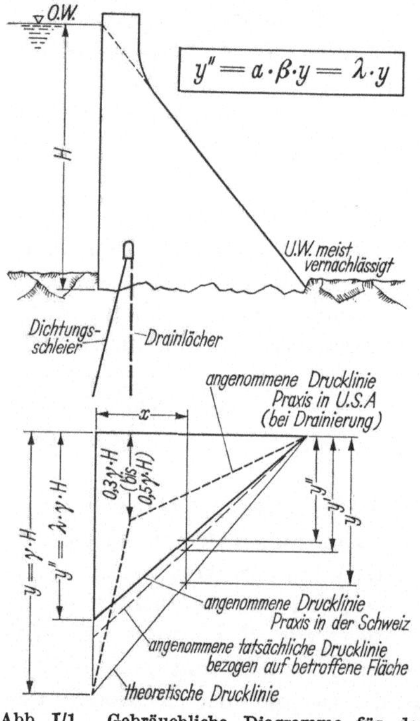

Abb. I/1. Gebräuchliche Diagramme für den Sohlenwasserdruck bei Gewichtsstaumauern

Nach den deutschen Vorschriften [7] ist an der Wasserseite bis zum Dichtungsschleier bzw. bis zur Entwässerungsanlage der volle Wasserdruck einzusetzen, dahinter ist eine Abminderung von $0{,}6\,\gamma_w \cdot H$, auf den Unterwasserstand linear auffallend, gestattet. In begründeten Sonderfällen kann von den Richtlinien abgewichen werden. Gestützt auf zahlreiche Messungen an ausgeführten Mauern sehen das „Bureau of

Reclamation" und das „Corps of Engineers" in den USA eine ähnliche Sohlenwasserdruckverteilung vor (Abb. I/1). Bei sehr guten Felsverhältnissen und wirksamen Maßnahmen zur Drainierung des Gründungsfelsens wird eine noch stärkere Abminderung des Sohlenwasserdruckes bis auf $0,3\,\gamma_w \cdot H$ zugelassen.

Eine wirksame Drainierung wird erreicht, wenn vom Kontrollgang längs der Gründungsfuge genügend lange Bohrlöcher in Abständen von wenigen Metern vorgetrieben werden, in denen das Sickerwasser sich entspannt. Dieses Sickerwasser wird dann über die Entwässerungsrinne des Kontrollganges schadlos abgeführt. Die Wirkung der Drainierung ist ständig zu überwachen. Gegebenenfalls müssen verstopfte Bohrlöcher nachgebohrt oder durch neue ersetzt werden.

In der Schweiz, in Österreich und in zahlreichen anderen Ländern ist es üblich, den Sohlenwasserdruck an der Wasserseite mit einem Faktor λ abzumindern und eine lineare Verteilung über die Gründungssohle anzunehmen. Dies entspricht der Annahme, daß das Netz der Klüftung gleichmäßig über den Gründungsfels verteilt ist.

In Abb. I/1 bedeuten

α Flächenfaktor $= \dfrac{\text{vom Sohlenwasserdruck betroffene Fläche}}{\text{Gesamtfläche}}$

$\qquad = 0{,}92$ bis $0{,}95$ (vorsichtiger Wert: $1{,}0$),

β Intensitätsfaktor $= \dfrac{\text{tatsächliche Druckhöhe}}{\text{theoretische Druckhöhe}}$,

y theoretischer Sohlenwasserdruck,

y' (angenommener) tatsächlicher Sohlenwasserdruck bezogen auf die betroffene Fläche,

y'' abgeminderter Sohlenwasserdruck bezogen auf die gesamte Gründungsfläche,

λ Abminderungsbeiwert für Sohlen- und Fugenwasserdruck (manchmal auch Auftriebskoeffizient genannt; da diese Bezeichnung irreführen kann, ist sie tunlichst zu vermeiden).

Die für den Entwurf sehr wesentliche Annahme der Sohlenwasserdruckverteilung bzw. des Abminderungskoeffizienten λ ist daher in ziemlich weiten Grenzen dem freien Ermessen des entwerfenden Ingenieurs überlassen. Bei hohen Staumauern kann eine geringe Abminderung des Sohlenwasserdrucks eine interessante Volumenersparnis ergeben. Nach den neuesten Erfahrungen sollte jedoch bei bedeutenden Bauwerken der λ-Wert an der Wasserseite keinesfalls zu niedrig angenommen werden, da man wohl mit ziemlicher Sicherheit annehmen kann, daß der größte Unterdruck an der Wasserseite auftritt. So wurde beispielsweise für die Gewichtsstaumauer Grande Dixence (Schweiz) für den Hauptlastfall volles Becken eine dreieckförmige Verteilung des theoretisch größtmöglichen Sohlenwasserdruckes mit $\lambda = 0{,}85$ an der

Wasserseite angenommen. Es sei noch darauf hingewiesen, daß die Verhältnisse an der Wasserseite von der Größe des Reduktionsfaktors in diesem besonders gefährdeten Bereich wesentlich beeinflußt werden; den angenommenen Abminderungsbeiwerten, namentlich in diesem Bereich, kommt im Hinblick auf die Standsicherheit des Bauwerks größere Bedeutung zu als der gewählten Quer- und Längsverteilung für den Sohlenwasserdruck.

b) Fugenwasserdruck

Infolge der Rißempfindlichkeit des Sperrenbetons ist auch mit dem Eintritt von Druckwasser in schlecht ausgeführte Arbeitsfugen oder in sonstige unvorhergesehene Risse, insbesondere in höher gelegenen Mauerhorizonten zu rechnen; der sich einstellende Fugenwasserdruck (auch Spaltwasserdruck genannt) kann im Mauerkörper gefährliche Beanspruchungen bewirken.

Die Frage der Berücksichtigung des Fugenwasserdruckes in der statischen Berechnung, der besonders bei Gewichtsstaumauern große Bedeutung zukommt, wird im Abschn. II/B 1 eingehend untersucht.

c) Porenwasserdruck

Infolge der Porosität des Staumauerbetons ist der Mauerkörper in seiner Gesamtheit noch einer mehr oder weniger starken Durchströmung von der Wasserseite und von der Felssohle her ausgesetzt.

Die Durchströmung des Betons ruft eine mechanische und eine chemische Wirkung hervor. Die mechanische Wirkung der Strömung des Druckwassers besteht in einem allseitig wirkenden Porenwasserdruck, im besonderen von unten nach oben, und in Reibungskräften, welche grundsätzlich eine Änderung der Massenkräfte bewirken. Der Porenwasserdruck ist von Ort zu Ort veränderlich, als Auftrieb im Mauerkörper bezeichnen wir die Kraftwirkung in Richtung des größten Druckgefälles. Die Auftriebskräfte wirken daher senkrecht zu den Linien gleichen Porenwasserdrucks und nicht, wie fälschlicherweise oft angenommen wird, in lotrechter Richtung. Somit haben wir im allgemeinen eine senkrechte und eine horizontal gerichtete Auftriebskomponente zu berücksichtigen.

Die Reibungskräfte, welche längs der Porenwandungen des durchströmten Betons entstehen, lassen sich nur im Durchschnitt abschätzen. Sie verursachen eine Änderung der Spannungsverteilung, insbesondere der waagrechten Normalspannungen. Außer den Auftriebs- und Reibungskräften verursacht das Druckwasser noch eine Zusammendrükkung der festen Teile des Betons. Die dadurch hervorgerufenen Raumänderungen sind denen von Schwinden und Temperaturänderungen hervorgerufenen nahe verwandt; sie sind jedoch gering, da bei der

Durchströmung des Betons gleichzeitig ein Schwellen eintritt, welches die Zusammendrückung mehr oder weniger ausgleicht. FILLUNGER [*19, 20, 21*], u. a. haben sowohl theoretisch wie versuchsmäßig nachgewiesen, daß der Porenwasserdruck keine sprengende Wirkung ausübt.

Die chemische Wirkung des Druckwassers besteht im wesentlichen im Auslaugen des Zementleimes und sonstigen Zersetzungserscheinungen. Diese Gefahr ist um so größer, je größer die Sickergeschwindigkeit ist.

Die mit der Berücksichtigung des Porenwasserdrucks verbundenen Fragen, die im engen Zusammenhang mit den Annahmen über Sohlen- und Fugenwasserdruck stehen, werden näher im Abschn. II/B 1 behandelt.

5. Erdbebenkräfte

In Erdbebengebieten sind die infolge Bebenwirkungen auftretenden Kräfte zu berücksichtigen. Es handelt sich dabei um Trägheitskräfte, die durch die Erdbebenbeschleunigung hervorgerufen werden; in bestimmten Fällen können sie für die Wahl des Sperrentyps und dessen Form ausschlaggebend sein. Bei der Beurteilung der Lage spielen insbesondere die geologischen Verhältnisse des tragenden Felsens eine große Rolle. Verwerfungen im Gründungsbereich des Sperrenwerkes sind für dessen Bestand äußerst gefährlich, da bei Bebenstößen gegenseitige Schollenbewegungen auftreten können. Schon aus diesem Grunde sollte von der Verwirklichung bedeutender massiver Sperren im Bereich von Verwerfungen abgesehen werden. In diesem Zusammenhang sei auch auf den Einfluß weiterer Faktoren von Erdbeben verwiesen, die im einzelnen beim II. Internationalen Kongreß für Erdbeben in Tokio und Kyoto (1960) [*4*] zur Sprache kamen.

Wie jede elastische Konstruktion neigen auch Sperrenbauwerke, wenn sie einen Impuls erhalten, zu Schwingungen. Steife Bauweisen (Gewichtsstaumauer) sind gegen Erdbebenstöße empfindlicher als elastische. Um Resonanzerscheinungen zu vermeiden, dürfen die Schwingungsperioden des Bauwerkes und des Gründungsfelsens nicht übereinstimmen. Grundsätzlich besteht die Resonanzgefahr auch für den Wasserkörper. Die Gefahr der Resonanzerscheinungen ist bei Erdbebenschwingungen infolge der starken Schwankungen der Periode und Beschleunigung allerdings nicht sehr groß. Werden Felsmassiv und Staumauer als Ganzes erschüttert, so treten im Mauerkörper je nach der Stoßrichtung ungünstige oder auch nur unbedeutende Zusatzspannungen auf. Für die statische Berechnung werden Bebenstöße für ungünstige Lastfälle in horizontaler und vertikaler Richtung angenommen;

von anders gerichteten Bebenstößen wird im allgemeinen abgesehen, da dafür die Verhältnisse sehr verwickelt werden.

Die Grundlagen der Berechnung zum Ansatz der Trägheitskräfte wurden von WESTERGAARD [26] gegeben. Die von WESTERGAARD angenommenen vereinfachenden Annahmen erlauben es, das an sich verwickelte räumliche Problem als ebenes zu behandeln. Es wird unter anderem vorausgesetzt, daß es sich um eine ebene harmonische Schwingung handelt, das Wasser unzusammendrückbar ist und keine Resonanzschwingungen auftreten. Unter der Voraussetzung, daß im Bereich der Gründungssohle keine Verwerfungslinien oder dgl. vorhanden sind, kann angenommen werden, daß sämtliche Punkte des Gründungsbereiches zur selben Zeit gleiche Geschwindigkeit und Beschleunigung erfahren.

Die Trägheitskraft des Mauerkörpers mit Angriffspunkt im Schwerpunkt desselben errechnet sich unter Anwendung des zweiten NEWTONschen Axioms zu

$$P_g = P \cdot \frac{a}{g} = \alpha \cdot P, \tag{I/1}$$

worin bedeuten

P_g Trägheitskraft des Mauerkörpers,

P Eigengewicht der Mauer,

a Bebenbeschleunigung (in unseren Breiten meist mit $\frac{g}{10}$ angenommen),

g Erdbeschleunigung,

$\alpha = \dfrac{a}{g}$ Erdbebenkoeffizient.

Der Erdbebenkoeffizient α wird in unseren Breiten und in Amerika für Bebenstöße in horizontaler und vertikaler Richtung meist mit 0,1 angenommen. Eine Abminderung dieses Wertes um die Hälfte für vertikale Beschleunigungskräfte erscheint, namentlich bei leerem Becken, vertretbar. In Japan, wo die Wirkungen von Erdbeben auf Bauwerke durch zahlreiche Beobachtungen untersucht werden konnten, sind je nach der Gegend Werte von α bis 0,25 gebräuchlich. Je nach der Steifigkeit des Bauwerks ist α in die Berechnung in voller Größe oder abgemindert einzuführen. Bei Gewichtsstaumauern ist es empfehlenswert, mit dem vollen Wert zu rechnen.

Gebräuchliche Erdbebenskalen sind die von ROSSI-FOREL und MERCALLI-SIEBERG. Letztere, welche zwölf Bebenklassen unterscheidet, soll hier auszugsweise wiedergegeben werden. Danach entspricht der Bebenbeschleunigung $a = \frac{g}{10}$ eine Bebenstärke Klasse IX.

Erdbebenskala nach Mercalli-Sieberg

Bebencharakter	Bebenbeschleunigung in [cm/sec²]		Gefahren-klasse	Wirkung an der Erdoberfläche
Instrumentell	2,5		I	nur durch Meßgeräte feststellbar
Sehr leicht	2,5 bis	5	II	
Leicht	5 „	10	III	sehr leicht bis mäßig
Mäßig	10 „	25	IV	
Ziemlich stark	25 „	50	V	ziemlich stark
Stark	50 „	100	VI	
Sehr stark	100 „	250	VII	
Zerstörend	250 „	500	VIII	zerstörend
Verwüstend	500 „	1000	IX	
Vernichtend	1000 „	2500	X	
Katastrophe	2500 „	5000	XI	katastrophal
Große Katastrophe	5000 „	10000	XII	

Bemerkung: Weitere Erdbebenskalen und eine nähere Beschreibung der Gefahrenklassen siehe Ch. Davison [*18*] und die Berichte zum II. Internationalen Kongreß für Erdbeben [*4*].

Für die Trägheitskraft des Wasserkörpers, welche als Zusatzkraft zum hydrostatischen Druck berechnet wird, werden von Westergaard zwei Näherungsformeln zur praktischen Anwendung empfohlen, welche den an sich komplizierten Ansatz für den Wasserüberdruck, der sich aus der theoretischen Untersuchung in Form einer Reihe ergibt, ersetzen.

Bei Annäherung des Wasserüberdruckes durch einen Ellipsenquadranten gelten folgende Beziehungen (s. Abb. I/2):

$$p^{[t/m^2]} = k' \cdot \alpha \cdot \gamma_w \sqrt{y(2H - y)} \, ,$$

worin　　　　　　　　　　(I/2)

$$k' = \frac{0,6528}{\sqrt{1 - 7,750 \left(\dfrac{H^{[m]}}{1000 \, T^{[sec]}} \right)^2}} \, ,$$

$$p_{max} = k' \cdot \alpha \cdot \gamma_w \cdot H \, ,$$

$$P_{max} = \frac{\pi}{4} \cdot k' \cdot \alpha \cdot \gamma_w \cdot H^2 \, ,$$

$$M_{max} = \frac{1}{3} \cdot k' \cdot \alpha \cdot \gamma_w \cdot H^3 \, .$$

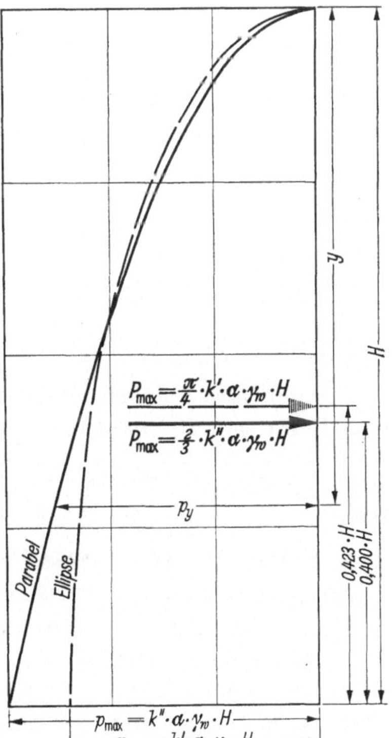

Abb. I/2. Diagramm des Wasserüberdrucks infolge Erdbebenwirkung

Es bedeuten

p Wasserüberdruck in t/m²,

k', k'' veränderliche Erdbebenbeiwerte (abhängig von den physikalischen Verhältnissen, insbesondere von der Wassertiefe H und der Bebenperiode T),

$\alpha = \dfrac{a}{g}$ Verhältnis der Bebenbeschleunigung zur Erdbeschleunigung (konstanter Koeffizient),

γ_w Einheitsgewicht vom Wasser in t/m³ (meist 1,0 t/m³),

H größte Höhe des Wasserspiegels über Gründungssohle in Metern,

y Wassertiefe gemessen vom Stauspiegel,

T Schwingungsperiode des Erdbebens in Sekunden. Übliche Annahme zwischen 0,5 und 1 Sekunde (Praxis in USA: $T = 1{,}0$ sec).

Praktischer in der Anwendung ist die Annäherung mittels einer parabelförmigen Verteilung des Wasserüberdruckes, da sich der Wasserüberdruck und das Kippmoment für beliebige Mauerhorizonte rascher berechnen lassen. Die entsprechenden Formeln lauten:

$$p^{\text{t/m}^2} = k'' \cdot \alpha \cdot \gamma_w^{[\text{t/m}^3]} \sqrt{H^{[\text{m}]} \cdot y^{[\text{m}]}} \,, \qquad (\text{I}/3)$$

worin

$$k'' = \frac{0{,}8160}{\sqrt{1 - 7{,}750 \left(\dfrac{H^{[\text{m}]}}{1000 \, T^{[\text{sec}]}}\right)^2}} \,,$$

$$p_{\max} = k'' \cdot \alpha \cdot \gamma_w \cdot H \,,$$

$$P_y = \frac{2}{3} k'' \cdot \alpha \cdot \gamma_w \, y \sqrt{H \cdot y} \,, \qquad M_y = \frac{4}{15} \cdot k'' \cdot \alpha \cdot \gamma_w \, y^2 \sqrt{H \cdot y} \,,$$

$$P_{\max} = \frac{2}{3} k'' \cdot \alpha \cdot \gamma_w H^2 \,, \qquad M_{\max} = \frac{4}{15} \cdot k'' \cdot \alpha \cdot \gamma_w H^3 \,.$$

(*Bemerkung*: Man beachte die gewählten Maßeinheiten.)

Für geneigte Flächen wird, ohne theoretische Begründung, folgender, allerdings mit Vorsicht zu gebrauchender Ansatz empfohlen:

$$p = k'' \cdot \alpha \cdot \gamma_w \sqrt{H \cdot y} \cdot \cos \varphi \,, \qquad (\text{I}/4)$$

worin

φ Winkel zwischen Richtung des Bebenstoßes und der Flächennormalen.

Aus Abb. I/3 können die Werte des Erdbebenbeiwertes für Gl. (I/3) für Höhen bis zu 250 m entnommen werden.

Beide Näherungsformeln ergeben dasselbe maximale Kippmoment. Mittels der Ellipsenformel werden jedoch kleinere Werte für den maximalen Druck $p_{\max}$ und die maximale Scherkraft $P_{\max}$ erhalten als nach der theoretisch richtigen Formel. Die Parabelformel ergibt für $p_{\max}$ und $P_{\max}$ etwas größere Werte.

Aus Beobachtungen aus allen Erdteilen konnte man feststellen, daß zwischen dem Hauptstoß und den nachfolgenden Bebenstößen ziemlich große Frequenzunterschiede bestehen. Schon aus diesem Grunde ist eine langandauernde Resonanz selbst von einem Bauwerk mit einer Eigenfrequenz nahe 1 sec unwahrscheinlich. Schäden am Bauwerk werden in erster Linie vom Hauptstoß verursacht.

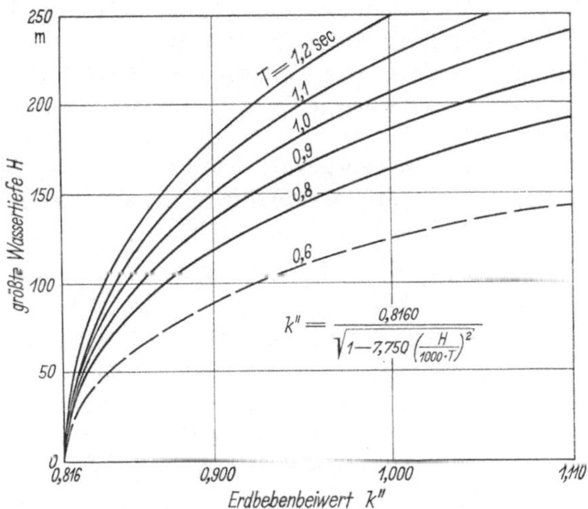

Abb. I/3. Diagramm des Erdbebenbeiwertes k''

Für ein dreieckförmiges Mauerprofil mit starrer Einspannung im Gründungsfels gibt WESTERGAARD folgenden Ausdruck zur Berechnung der Schwingungsdauer des Bauwerkes an:

$$T_0^{\text{sec}} = 0,00164^{\left[\frac{\text{sec}}{\text{m}}\right]} \cdot \frac{h^2}{b}, \qquad (\text{I}/5)$$

worin

E Elastizitätsmodul des Sperrenbetons ($= 140\,600$ kg/cm²),

h Höhe des Dreieckprofils in m,

b Basisbreite in m.

Bei Berücksichtigung einer elastischen Einspannung ergibt sich eine etwas größere Periode, die jedoch in derselben Größenordnung bleibt.

Beispiel:

	h	$=100$	200	300 m
	b	$=\ \ 75$	150	225 m
	T_0	$=0,22$	$0,44$	$0,65$ sec

Die Formeln von WESTERGAARD sind besonders bei sehr hohen Mauern und kurzer Bebenperiode mit Vorsicht zu gebrauchen. Wäh-

rend bei niedrigen Mauern etwa bis 100 m die Vernachlässigung der
elastischen Verformung des Mauerkörpers gerechtfertigt erscheint,
trifft diese Annahme bei hohen Mauern nicht mehr zu. Sofern keine Resonanzgefahr besteht, ist diese Vernachlässigung, die auch eine Voraussetzung der Anwendbarkeit der Formeln von WESTERGAARD ist, noch
annehmbar. Infolge der erwähnten Unsicherheiten der Berechnung
erscheint es angebracht, den Spannungsnachweis für das Bauwerk mit
Ausschluß der Zugzone durchzuführen. Es ist dem Verfasser nicht bekannt, ob untersucht wurde, wie weit die von WESTERGAARD angegebenen Beziehungen mit der Wirklichkeit übereinstimmen.

6. Formänderungskräfte hervorgerufen durch Abgabe der Abbinde-
wärme (erstmaliges Abkühlen), sowie durch Schwinden, Schwellen und
Kriechen des Sperrenbetons

Die freie Verformungsmöglichkeit des im Gründungsfels eingespann-
ten Staumauerkörpers ist bei den meisten Sperrentypen behindert, so
daß durch Abkühlung des Betons nach dem Abbindevorgang, ferner
durch Schwinden, Schwellen und Kriechen Zusatzspannungen im
Sperrenkörper hervorgerufen werden. Durch besondere Vorkehrungen
bei der Herstellung des Massenbetons unter Berücksichtigung der
neuesten Erkenntnisse in der Betontechnologie (Verwendung von Spe-
zialzementen mit reduzierter Hydratationswärme, geringe Zementdosierung, Verwendung von luftporenbildenden Zusatzmitteln u. a.), als
auch durch bauliche Maßnahmen ist es möglich, in vielen Fällen diese
Zwangskräfte teilweise oder ganz auszuschalten [5]. Falls keine besonderen Vorkehrungen zur Herabsetzung dieser Formänderungskräfte auf
ein unschädliches Maß getroffen werden können, ist ein Nachweis der
Zwängsspannungen erforderlich. Die errechneten Zusatzspannungen
sind den Lastspannungen zu überlagern.

Die mit den erwähnten bekannten Vorgängen verbundenen und
vom Alter des Betons abhängigen Formänderungen sind für das einwandfreie Verhalten und für den Bestand des Bauwerkes von größter
Bedeutung, da sie durch Rißbildungen die einheitliche Mauerwirkung
gefährden können. Es ist daher für den planenden und ausführenden
Ingenieur unerläßlich, sich über die Ursachen dieser Formveränderungen genaue Rechenschaft zu geben, um deren Einfluß auf das Verhalten
des Bauwerkes beurteilen zu können. Daraus ergibt sich die Notwendigkeit, die Formveränderungen des Sperrenbetons infolge Abkühlung
des Betons nach dem Abbindevorgang, Schwindens (Verkürzungen,
die der unbelastete Beton während des Erhärtungsvorganges erleidet),
Kriechens (Formänderungen des Betons im Laufe der Zeit bei unveränderter Belastung) und infolge Quellens (Formänderungen des erhärteten
Betons bei Änderung des Feuchtigkeitsgrades) genau zu untersuchen.

a) Abgabe der Hydratationswärme

Bei den heute geforderten, großen Betoniergeschwindigkeiten für die Herstellung von Massenbeton ist es nicht immer einfach, die beim Abbinden des Betons entwickelte Wärmemenge möglichst rasch und unschädlich abzuführen. Betonierleistungen von 6000 bis 8000 m³ pro Tag sind heute auf Großbaustellen keine Seltenheit. Die Erfahrung hat gezeigt, daß mit größeren Rißbildungen zu rechnen ist, sobald der Betonierabschnitt länger als 15 bis 20 m wird.

Bei der üblichen Ausführung des Bauwerks in Blockbauweise erfolgt die Abkühlung des Sperrenbetons hauptsächlich über die wasser- und luftseitige Mauerfläche und über die seitlichen vertikalen Blockflächen. Die Abkühlung über die horizontale Oberfläche eines Betonierabschnittes ist gering, da im allgemeinen fortlaufend betoniert wird und nach etwa drei Tagen auf den Frischbeton eine neue Betonierschicht aufgebracht wird. Am Ende der Betonkampagne werden die Oberflächen, die den Winter über den Einflüssen der Witterung ausgesetzt sind, häufig gegen die Frosteinwirkungen durch eine Isolierschicht geschützt, so daß sie wenig Wärme abgeben. Da außerdem durch die Sonnenbestrahlung eine Erwärmung der Oberfläche hinzukommen kann, wird man bei einer Berechnung unter der Voraussetzung einer Wärmeabgabe nur über die Vertikalflächen nicht weit fehl gehen. Die Wärmeabfuhr erfolgt also hauptsächlich in horizontaler Richtung. Im Gegensatz zum Schwindvorgang, der nur geringe Tiefenwirkung hat, wirkt sich der Abkühlvorgang auch in der Tiefe aus. Zur rechnerischen Erfassung dieser Vorgänge sei in diesem Zusammenhang auf die eingehenden theoretischen und praktischen Untersuchungen von A. STUCKY und M. H. DERRON [9] verwiesen.

b) Schwinden
(Formänderungen des Betons während des Erhärtungsvorgangs bei unveränderter Belastung)

Schwinden und Kriechen des teilweise oder vollständig erhärteten Betons werden durch Änderungen im Spannungszustand des im Beton enthaltenen Porenwassers verursacht und durch physikalische oder chemische Vorgänge beim Erhärten des Betons beeinflußt.

Schwinden ist bekanntlich jene Formänderung des festen Betonskelettes, die infolge Änderung des Spannungszustandes des Porenwassers während des Austrocknens des Betons entsteht. Schwinden stellt sich also ein, wenn zwischen der Oberfläche des Porenwassers und der umgebenden Luft ein hygroskopisches Gefälle besteht; eine Abgabe von Porenwasser erfolgt, wenn der Feuchtigkeitsgrad der Luft kleiner ist als es dem Dampfdruck an der freien Oberfläche des Porenwassers entspricht. Aus diesem Grunde dauert das Schwinden, bei unveränderten hygroskopischen Verhältnissen der Luft, bis zur Bildung eines hygroskopischen Gleichgewichtes einige Monate. Die größten Formänderungen treten jedoch in den ersten sechs Wochen auf.

Durch sorgfältige Nachbehandlung des Betons, insbesondere durch Schutz vor direkter Sonnenbestrahlung und möglichst langes Feuchthalten der Oberfläche, kann das Schwinden sehr verringert werden; es stellt sich sowohl in horizontaler als auch in vertikaler Richtung ein. Da die Oberfläche der Betonblöcke einer Staumauer jedoch frei ist, führt das Schwinden in vertikaler Richtung im allgemeinen nicht zu Rissen. Es ist jedoch möglich, daß es entlang stark geneigter Ufer zur Bildung einiger Horizontalrisse kommt. Das Schwindmaß liegt in der Größenordnung von 10^{-4} bis 10^{-5}.

c) Kriechen
(Änderung des Spannungszustandes des Porenwassers durch die äußere Belastung)

Während als Ursache des Schwindens die Änderung des Spannungszustandes des Porenwassers, hervorgerufen durch die Austrocknung des Betons infolge des hygroskopischen Gefälles zur Umgebung, erkannt wurde, wird beim Kriechen der Spannungszustand durch die äußere Belastung verändert. Die aufgebrachte Belastung, die im Moment der Lastaufbringung vom festen Betonskelett und vom Porenwasser übertragen wird, wird allmählich vom Betonskelett unter Abgabe von Porenwasser (Verdunstung) allein übernommen. Dieser Vorgang dauert so lange an, bis das Porenwasser wieder den hygroskopischen Gleichgewichtszustand angenommen hat. Die dabei auftretenden Formänderungen werden um so kleiner sein, je fester das Betonskelett ist. Das Kriechmaß wird ferner auch von den klimatischen Verhältnissen beeinflußt.

d) Schwellen

Ein Quellen (Schwellen) des Staumauerbetons stellt sich ein, wenn ein teilweise trocken gewordener Mauerkörper vom Stauwasser durchströmt und gesättigt wird. Durch das Schwellen werden im Bauwerk im allgemeinen Druckspannungen hervorgerufen. Genaue Angaben über das Schwellmaß können infolge der Schwierigkeit der Durchführung einwandfreier Messungen nicht gegeben werden. Es ist üblich, das Schwellmaß in der Größe des halben Schwindmaßes anzunehmen.

7. Formänderungskräfte infolge witterungsbedingter Schwankungen der Bauwerkstemperatur

Änderungen der Lufttemperatur, der Feuchtigkeit und der Sonnenbestrahlung können im Sperrenkörper Temperaturänderungen hervorrufen, welche — abgesehen von Gewichtsmauern und Pfeilerkopfmauern mit atmenden Blockfugen — Zwängsspannungen und Verformungen verursachen. Infolge der schlechten Wärmeleitfähigkeit des Betons sind im allgemeinen nur die Schwankungen der mittleren Tagestemperatur gegenüber der mittleren Jahrestemperatur zu beachten. Nach den deutschen Richtlinien für Stauanlagen [7] sollen die Temperaturschwankungen im Sperrenkörper, unter Beachtung der klimatischen Gegebenheiten, der wärmedämmenden Wirkung des Stauwassers, der Sonnenbestrahlung und Durchfeuchtung von der voraussichtlichen Fugenschlußtemperatur ausgehend, am besten durch Einzeichnen des vermutlichen Verlaufs der Isothermen im Sperrenquerschnitt je für das Ende der jährlichen Kälte- und Hitzeperiode bestimmt werden. Die in dem bereits erwähnten Werk von A. STUCKY und M. H. DERRON [9] angegebenen Empfehlungen können zur praktischen Durchführung der Berechnung auf Grund zuverlässiger Annahmen herangezogen werden.

Die Berechnung der erwähnten Spannungen erfolgt mit Bezug auf einen gedachten Temperaturzustand der Sperre, welcher keinerlei Temperaturspannungen aufweist. Dieser fiktive Fall entspricht der Annahme, daß sämtliche Blockfugen des Bauwerks erst nach dem restlosen Auskühlen und Schwinden des Betons mit einem raumbeständigen Injektionsgut spannungsfrei ausgefüllt werden. Die mittlere Temperatur, die der Mauerkörper in diesem Zustand in jeder Höhenlage aufweist, wird als „rechnungsmäßige Fugenschlußtemperatur" bezeichnet. Es ist dabei zu überprüfen, ob bei der Bauausführung dieser Zustand verwirklicht werden kann. Erfolgt der tatsächliche Fugenschluß bei einer Temperatur, die von dem rechnungsmäßigen Wert fühlbar abweicht, so ist dieser Tatsache bei der Untersuchung der Wirkung der Temperaturspannungen Rechnung zu tragen.

Bei Gewichtsmauern ist es üblich, den Einfluß der Temperaturschwankungen auf die Spannungsverteilung nicht zu berücksichtigen. Eventuelle Längsbewegungen infolge gleichmäßiger Temperaturänderungen können durch konstruktive Maßnahmen (Dehnfugen) ermöglicht werden. Bei Bogenstaumauern hingegen, namentlich bei Schalenstaumauern, ist eine Berücksichtigung der Temperaturschwankungen unerläßlich. Die erheblichen an der Luftseite des Sperrenkörpers auftretenden Wärmespannungen werden, da sie nicht in die Tiefe wirken und die Sicherheit des Bauwerkes nicht gefährden, meist nicht berücksichtigt. Es ist jedoch auch aus diesem Grund notwendig, an den Außenflächen einen erstklassigen Beton vorzusehen.

8. Formänderungskräfte infolge Nachgiebigkeit der Felswiderlager

Die Verformung des Felsmassivs, in welchem die Staumauer gegründet ist, kann, soferne sie im Verhältnis zu der Bauwerksverformung groß ist, die Auflagerkräfte und die Spannungsverteilung im Mauerkörper selbst wesentlich beeinflussen. In dieser Hinsicht sind Gewölbesperren (räumliches Tragwerk, vielfach statisch unbestimmt) viel empfindlicher als Gewichtssperren (ebenes Tragwerk, statisch bestimmt). Das richtige Erfassen der tatsächlichen Verhältnisse, die sich beim Übergang von der Talsperre zum Gründungsfels — zwei im Verhalten grundsätzlich verschiedene Bereiche — einstellen, stößt auf zahlreiche Schwierigkeiten.

Während die Kraftausbreitung im Sperrenkörper auf diesen selbst begrenzt ist, stellt sich im Gründungsfels eine Kraftausbreitung ungehindert nach allen Richtungen ein. Infolge seiner Klüftigkeit und sonstigen heterogenen Eigenschaften können sämtliche Betrachtungen, in welche der Gründungsfels miteinbezogen wird, nur als rohe Abschätzung angesehen werden. Man muß sich daher mit einem allgemeinen Überblick über den Einfluß der Felseigenschaften auf die Spannungsverteilung im Bauwerk begnügen; es hat somit auch wenig Sinn, theoretische Untersuchungen zu weit vorwärts zu treiben.

Bei wichtigen Sperrenwerken ergibt sich daher die Notwendigkeit, die Formänderungen des Gründungsfelsens im Bereich der Gründungsfuge zu untersuchen. Zu diesem Zwecke ist es erforderlich, ein Kriterium für die Verformung des Gebirges zu definieren, welches nicht nur für die Oberfläche, sondern auch für tiefer gelegene Bereiche des Halbraumes Geltung hat. Um irgendeine Aussage machen zu können, kann man den durch den Gründungsfels gebildeten Halbraum elastisch und in gewissen Grenzen isotrop annehmen, obwohl dies, wie eingangs erwähnt, nur sehr annähernd zutrifft. Auf diese Art und Weise ist es möglich, die Setzung mit den Auflagerkräften des Bauwerkes in Verbindung zu bringen und einen Elastizitätsmodul des Gründungsfelsens zu definieren. Je nach den Eigenschaften des Gründungsfelsens schwankt dieser in weiten Grenzen und ist meist geringer als der Elastizitätsmodul des Sperrenbetons.

Um den Einfluß der Gründung auf den Spannungszustand im Mauerkörper erfassen zu können, benötigt man brauchbare Werte für den Verformungsmodul des Gebirges. Mehrere experimentelle Verfahren sind zu dessen Bestimmung gebräuchlich: Druckversuche an zahlreichen Probekörpern, Druck-Verformungsmessungen im Stollen oder Schacht unter Verwendung hydraulischer Pressen oder durch Abpressen eines Stollen- oder Schachtabschnittes durch Wasser. Je nach Art dieser Versuche werden oft sehr unterschiedliche Ergebnisse erhalten.

Dies ist weiter nicht erstaunlich, wenn man bedenkt, von wie vielen
Faktoren ein auf solche Art bestimmter Verformungsmodul des Gebirges abhängt (Art der Lastaufbringung, Dauer der Belastung, Spannungszustand in dem von der Versuchslast beanspruchten Bereich des
Gebirges, natürlicher Spannungszustand im Fels, Feuchtigkeit usw.).

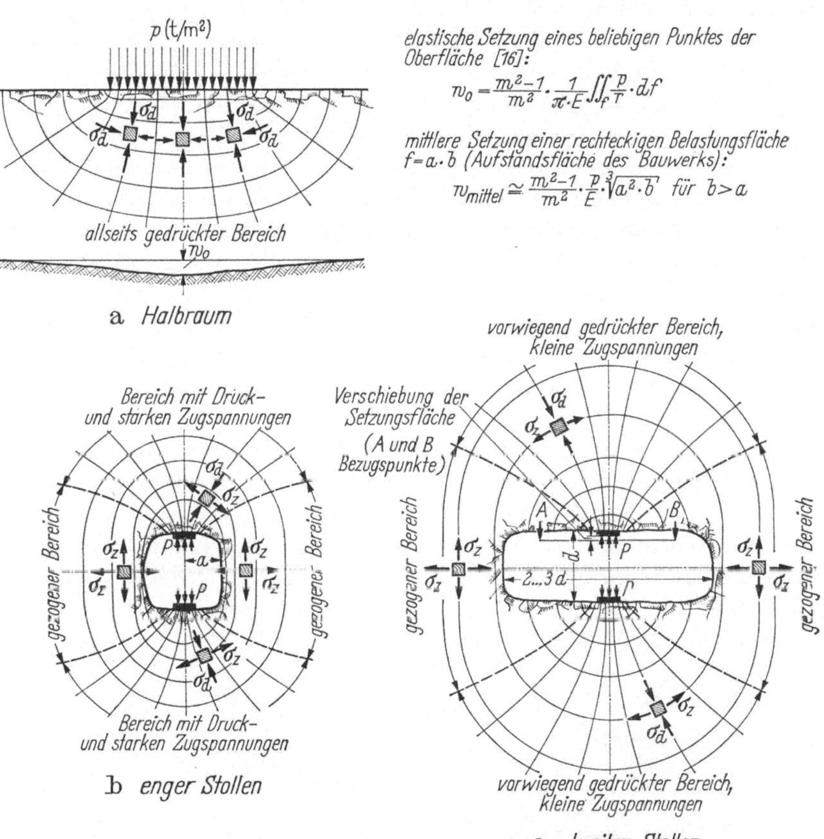

Abb. I/4a–c. Spannungsfelder im Fels. Hauptnormalspannungstrajektorien:
a) im Halbraum infolge einer rechteckigen Belastungsfläche mit Gleichlast; b) im Bereich eines engen
Stollens verursacht durch zwei gegenüberliegende Druckflächen; c) im Bereich eines breiten Stollens
verursacht durch zwei gegenüberliegende Druckflächen

Auch Großversuche bringen nur Mittelwerte und erfassen bei weitem
nicht den gesamten Gründungsbereich bedeutender Sperrenwerke. Die
ausgeführten Feldversuche für die Sperren Mauvoisin und Grande
Dixence [23], deren Ergebnisse sich zu bestätigen scheinen, haben gezeigt, daß durch Druckversuche mit starren Platten (Abb. I/4) befriedigende Meßergebnisse erhalten werden können, wenn die Druckfläche
im Stollen verhältnismäßig groß ist (mindestens 1 bis 2 m²) und der

Meßdruck von derselben Größenordnung ist wie der von der Staumauer auf die Gründungsfläche ausgeübte Druck (Durchschnittswert
50 kg/m²). Die mit dieser Forderung verbundenen bedeutenden Ver-
suchslasten (1000 bis 2000 Tonnen) lassen es angebracht erscheinen,
derartige Versuche am günstigsten im Felsinneren auszuführen. Es ist
außerdem zu beachten, daß der Ausbruch des Stollen so erfolgt, daß die
Störungen in den Randbereichen durch Aussprengung möglichst vermieden werden und die Stollenform beim Versuch eine Felsbeanspru-
chung ermöglicht, die der vom Bauwerk verursachten weitestgehend
entspricht. Aus diesem Grunde ist es erforderlich, den Stollenquerschnitt
länglich, annähernd rechteckig, zu gestalten und von der mehr oder
weniger quadratischen Form Abstand zu nehmen. Zahlreiche diesen Anforderungen entsprechende Versuche haben gezeigt, daß die Verfor-
mungsflächen an den Wänden des Versuchsstollens wesentlich von
den nach der klassischen Theorie von BOUSSINESQ bestimmten abweichen. Wahrscheinlich ist diese Tatsache hauptsächlich darauf zurückzuführen, daß selbst in Bereich elastischer Verformungen des Gebirges kein linearer Zusammenhang zwischen Spannung und Formänderung besteht.

An Stelle der statischen Versuche können auch geoseismische Methoden zur Bestimmung des Elastizitätsmoduls des Gründungsfelsens
herangezogen werden. Es ist leicht einzusehen, daß die auf diese Art
ermittelten Werte des Elastizitätsmoduls, die einer plötzlichen und
wechselnden Beanspruchung des Felsens durch die Druckwelle entsprechen und die Wirkung einer Klüftung nicht erfassen, systematisch
größer sind als die nach statischen Versuchen.

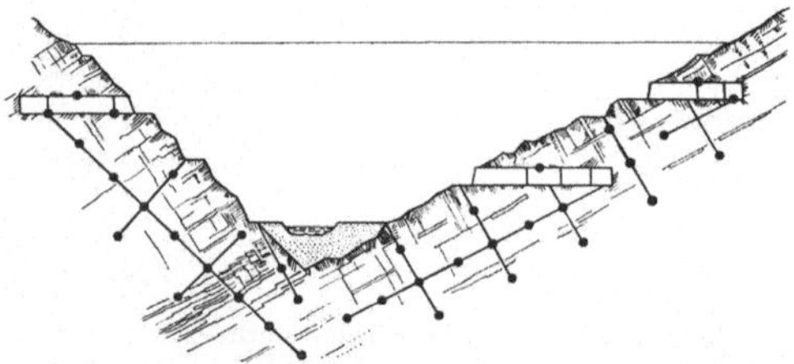

Abb. I/5. Typische Anordnung der Bohrlöcher und der Meßpunkte am Sperrenort

Man darf bei diesen Verfahren zur Bestimmung des Verformungsmoduls des Gebirges nicht übersehen, daß befriedigende Werte keine
absolute Sicherheit für die Gründung darstellen, da die Möglichkeit
nicht auszuschließen ist, daß gewisse Mängel im Gefüge unentdeckt
bleiben.

Im Zusammenhang mit der Entwicklung auf dem Gebiete der Felsmechanik wurden in jüngster Zeit Verfahren ausgearbeitet, welche auf

einer statistischen Kontrolle des Gebirges im gesamten Gründungsbereich beruhen. Die dazu erforderlichen Versuche sind in erster Linie
dazu bestimmt, das Ausmaß der heterogenen Eigenschaften des Gebirges und der Mängel im Gefüge festzustellen. Auf Grund von zahlreichen Beobachtungen und Meßergebnissen in Bohrlöchern (Abb. I/5)
betreffend die Formänderungs- und Festigkeitseigenschaften des Gebirges werden zuverlässigere Werte für eine Berechnungsgrundlage ge-
schaffen. Zu diesem Zweck wurden eigene Meßgeräte entwickelt, welche
die Meßwerte für einen Belastungs- und Entlastungszyklus registrieren
[24]. Dieser Reihe von Lastwechsel entsprechen Formänderungen, wie
sie sich bei Änderungen des Beckenspiegels in der Stauhaltung ergeben.
Die Versuchsergebnisse werden statistisch ausgewertet und zeigen das
Ausmaß der wahrscheinlichen heterogenen Eigenschaften des Gebirges.

9. Formänderungskräfte hervorgerufen durch eine Verformung des Stauraumes infolge Wasserlast

Das Staubecken erleidet infolge der Wasserlast eine Verformung, da
der Wasserdruck die Tendenz hat, den Talquerschnitt bei gleichzeitiger
Senkung des Talbodens auszuweiten. Diese Tatsache wurde schon
mehrmals an Hand von Beobachtungen während der Füllung von Staubecken festgestellt; in einigen Fällen ergaben die Messungen, daß sich
die Talflanken an der Luftseite der Mauer nähern. Messungen an einigen
Sperrenwerken haben aber auch eindeutig bewiesen, daß einige Fels-
arten in beachtlichem Maße schwellen können und dadurch die Talverformung sehr beeinflussen; es konnte selbst eine Flankennäherung
im Staubecken beobachtet werden. Im folgenden wollen wir uns mit
den durch die Last bedingten Verformungen befassen.

Die Bedeutung dieser Talformungen im Hinblick auf das statische
Verhalten der Staumauer hängt vom Sperrentyp ab. Während beispielsweise bei der reinen Gewichtsstaumauer das durch die Talverformung bewirkte Öffnen der Querfugen das statische Verhalten der Mauer
nicht beeinflußt, kommt dieser Verformung bei Bogen- und Kuppelstaumauern eine weit größere Bedeutung zu, da bei diesen der monolithische Zusammenhang des Bauwerks Grundbedingung für seinen
Bestand ist und ein Öffnen der Querfugen nicht zugelassen werden
kann. Trotzdem spielt diese Talverformung infolge der Wasserlast auch
bei Gewichtsstaumauern und bei Mauertypen ähnlichen statischen Verhaltens eine gewisse Rolle, da zu befürchten ist, daß die Querfugen sich
in unzulässigem Maße öffnen können. Die Notwendigkeit der Untersuchung des Einflusses dieser Talverformungen auf das Verhalten der
Staumauer ergibt sich besonders bei hohen Sperrenwerken.

Im Zusammenhang mit den Projektsstudien der Talsperren Grande
Dixence (Gewichtsstaumauer) und Mauvoisin (Bogenstaumauer) wurde

dieses Problem mittels Modellversuchen und Berechnung eingehend untersucht. Um es einer Behandlung zugängig zu machen, wurde ein homogenes idealisiertes Gebirge vorausgesetzt. Es ging im wesentlichen darum, die Größenordnung der durch die Wasserlast bedingten möglichen Talweitungen abzuschätzen.

An Hand eines Kautschukmodells wurde ein V-Tal nachgebildet; der Elastizitätsmodul des Modellmaterials betrug 1,4 kg/cm². Bei der teilweisen Füllung des Beckens mit Wasser ergaben sich genügend große Formänderungen, um diese mit hinreichender Genauigkeit messen zu können. Zur Überprüfung der Ähnlichkeitsgesetze wurden die Ver-

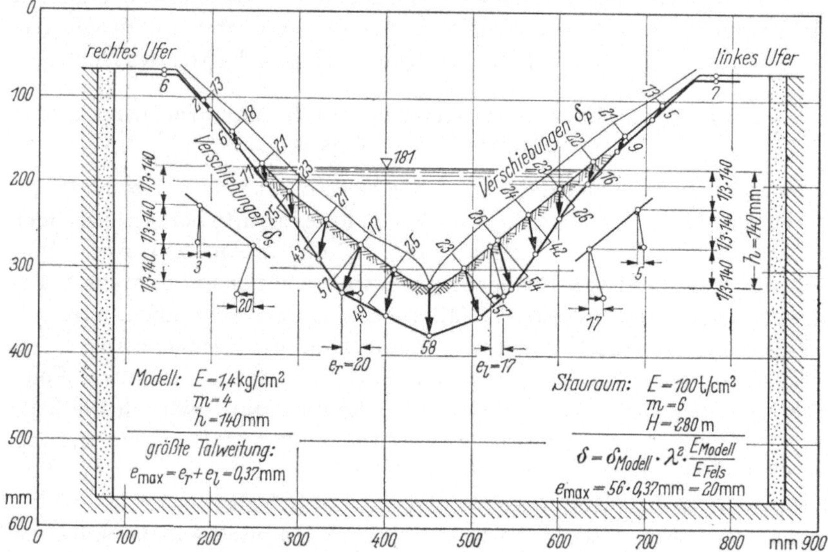

Abb. I/6. Verformung des Staubeckens infolge Wasserlast. Querprofil an der Wasserseite der Staumauer (Profil II). Verschiebungen δ_s und δ_p senkrecht und parallel zu den Talflanken in 10^{-2} mm. Versuch mit einem Kautschukmodell, ausgeführt im Centre de Recherches pour l'étude des Barrages, Lausanne 1953

suche systematisch mit verschiedenen Wasserspiegellagen durchgeführt. Die Messungen wurden in mehreren Querprofilen des V-Tales, insbesonders unmittelbar an der Luft- und Wasserseite der Mauer und in einer Entfernung davon im Stauraum, wo der Abschluß des Beckens keinen Einfluß ausübte, durchgeführt. Es ist leicht einzusehen, daß die Verformungen des Staubeckens in einiger Entfernung von der Mauer größer sind als an der Sperrenstelle selbst. Sind die elastischen Eigenschaften des Felsmassivs und des Modellmaterials bekannt, so können mit Hilfe der Ähnlichkeitsgesetze die tatsächlichen Formänderungen größenordnungsmäßig richtig berechnet werden. In den Abb. I/6 und I/7 sind die Ergebnisse dieser Modellversuche für einen Elastizitätsmodul des Felsens von 100 t/m² dargestellt; sie können ohne weiteres mit Hilfe

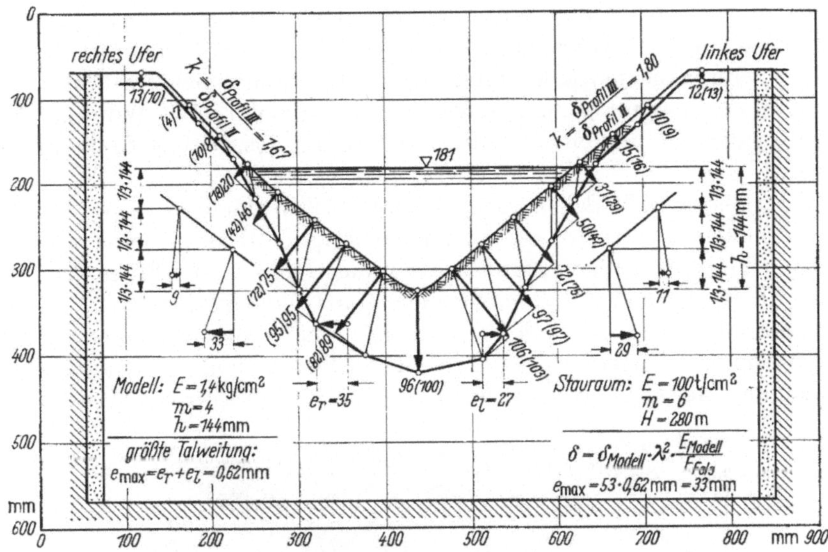

Abb. I/7. Verformungen des Staubeckens infolge Wasserlast. Querprofil in größerer Entfernung von der Staumauer (Profil III). Verschiebungen δ_s und δ_p senkrecht und parallel zu den Talflanken in 10^{-2} mm. Versuch mit einem Kautschukmodell, ausgeführt im Centre de Recherches pour l'étude des Barrages, Lausanne 1953

einer einfachen Umrechnung für andere Werte des Verformungsmoduls des Gebirges E'_{Fels} angewendet werden. Für eine 280 m hohe Sperre würde die größte Talweitung etwa 20 bis 25 mm betragen. In den Abbildungen ist auch ersichtlich, daß sich die Talflanken in Höhe des Wasserspiegels etwas nähern.

Um die Wirkung dieser Talverformung mit anderen Einflüssen, insbesondere einer Abkühlung des Betons, vergleichen zu können, ist es nützlich, die relative Talweitung (absolute Talweitung zu Sehnenlänge) zu berechnen. In Abb. I/8 sind die Werte der absoluten und der relativen horizontalen Talweitung dargestellt. Die maximale relative Talweitung in der Größenordnung von 10^{-4} stellt sich auf Höhe des unteren Mauerdrittels ein. Man erkennt, daß die Talweitung nur einen Bruchteil der Wirkung einer Abkühlung des Betons erreicht, da die spezifische Verkürzung des

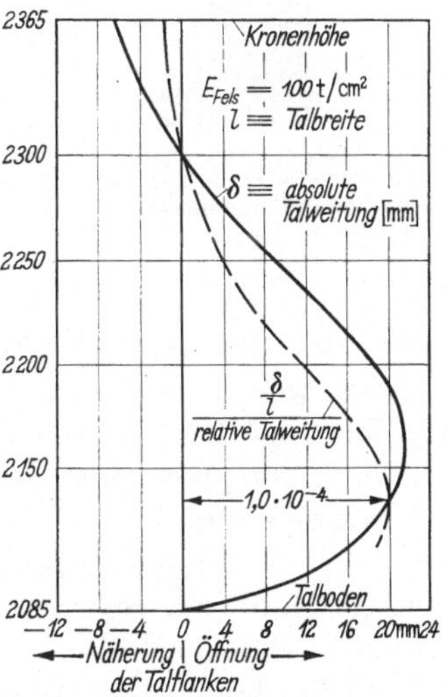

Abb. I/8
Horizontale Weitung der Talflanken

Betons — bei der üblichen Annahme einer starken Abkühlung von $35\,°C — 3,5 \cdot 10^{-4}$ (Wärmekoeffizient des Betons $10^{-5}/°C$) beträgt. Es ist daher durchaus möglich, durch geeignete Maßnahmen, insbesondere durch Fugeninjektion mit möglicher Wiederholung, die Wirkung der Talverformung und einer starken Abkühlung des Betons zu kompensieren.

Da derartige Modellversuche naturgemäß an einem stark verkleinerten Modell durchgeführt werden müssen, ist, ganz abgesehen von den tatsächlichen heterogenen Eigenschaften des Gebirges, die Frage der Anwendbarkeit solcher Ergebnisse nicht ganz ohne Vorbehalt zu beantworten. Aus diesem Grunde wurde auch versucht, das an sich schwierige Problem rechnungsmäßig zu erfassen. Die Berechnung wurde unter Anwendung der Grundgleichungen für den elastisch isotropen Halbraum

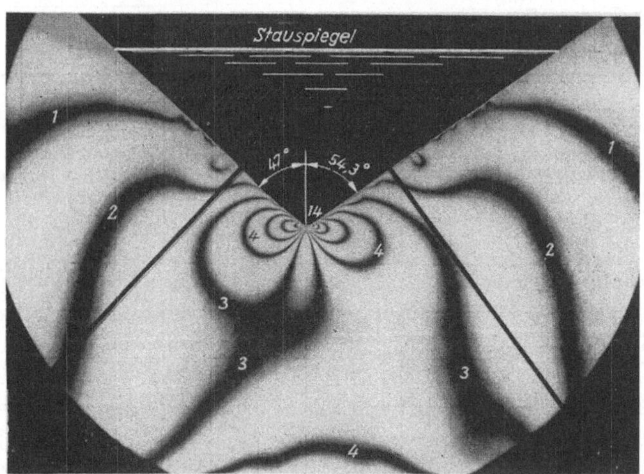

Abb. I/9. Staubecken Grande Dixence. Spannungsoptischer Versuch zur Untersuchung des Spannungszustandes verursacht vom Wasserdruck auf die Talflanken. Isochromaten (Linien gleichen Hauptspannungsunterschiedes) bei zirkular polarisiertem Natriumlicht. Modellmaterial CR 39. Ausgeführt im Laboratoire de Statique des Constructions de l'Ecole polytechnique de l'Université de Lausanne

nach VOGT-BOUSSINESQ [16] durchgeführt. Die durch die beiden Talflanken, welche sich am Beckengrund schneiden, abgegrenzten Gebiete wurden zunächst als zwei getrennte Halbräume betrachtet und jeder mit dem entsprechenden hydrostatischen Druck belastet. Es handelt sich um eine räumliche Untersuchung, da die Last in der Längsrichtung des Tales (bei unveränderlich angenommenem Talquerschnitt) durch den Abschluß am Sperrenort begrenzt ist. Mit Hilfe der erwähnten Grundgleichungen lassen sich die Verschiebungen (Normal- und Tangentialverschiebungen) in einigen Punkten an den Talflanken errechnen. Die Ergebnisse dieser Berechnung zeigten in Übereinstimmung

mit den Modellversuchen, daß die Verschiebungen in den Querprofilen
in größerer Entfernung vom Talabschluß nahezu konstant bleiben und
denen am Sperrenort ähnlich sind. Wertmäßig sind sie 1,7- bis 1,8fach
größer als die im Querprofil an der Wasserseite der Sperre.

Bei dieser getrennten Betrachtung der Halbräume würde sich das
Tal in der durch den Talgrund gehenden Vertikalebene öffnen. Da dies
nicht den Verhältnissen entspricht, muß in dieser Ebene eine Schluß-

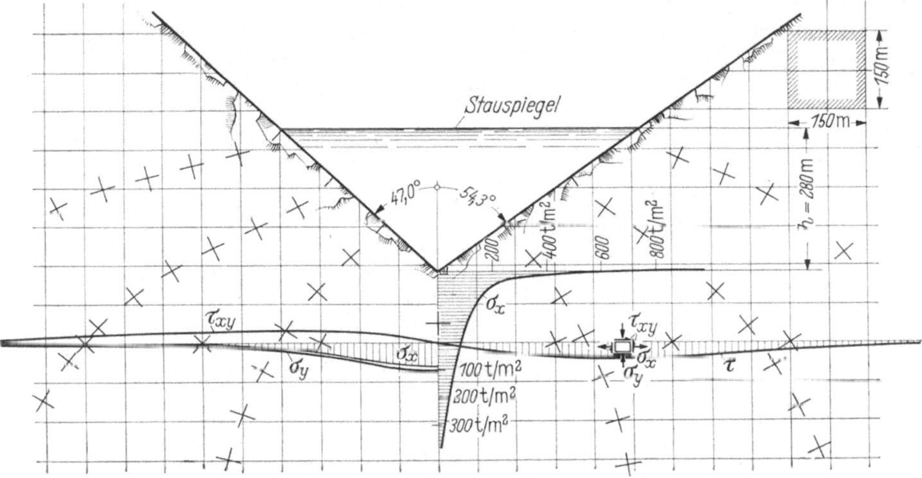

Abb. I/10. Staubecken Grande Dixence. Auswertung der Ergebnisse eines spannungsoptischen Versuchs (s. Abb. I/9)

kraft wirksam sein, welche dieses Öffnen verhindert. Über die Verteilung derselben in die Tiefe kann zunächst keine genaue Aussage ge-
macht werden. Um diese Frage abzuklären, wurde ein spannungsoptischer Modellversuch mit einem scheibenförmigen Modell durchgeführt.
Das Isochromatenbild für die Wasserlast ist in Abb. I/9 wiedergegeben.
In Abb. I/10 sind die für diese Untersuchung interessanten Ergebnisse
dargestellt. In dieser Abbildung, wie auch im Isochromatenbild, wo die
Isochromen am Beckengrund konzentriert sind, erkennt man, daß die
Zugspannungen sowohl in der betrachteten Vertikalebene als auch in
Richtung der Talflanken sehr rasch mit der Tiefe abnehmen. Vernach-
lässigt man die um den Beckengrund sich ausbildende Spannungsspitze,
so kann der tatsächliche Verlauf dieser Zugspannungen durch eine
Gerade angenähert werden; wir erhalten somit die in Abb. I/11 dar-
gestellte dreieckförmige Verteilung für die Schlußkraft, wobei ange-
nommen wird, daß die Zugspannungen in der Vertikalebene durch den
Beckengrund in einer Tiefe vom 1,5fachen Wert der Stauhöhe praktisch
Null sind. Die Größe dieser Schlußkraft wird so berechnet, daß die
Verbindung beider Talflanken aufrechterhalten bleibt.

Eine in dieser Art durchgeführte Berechnung erlaubt es, die in Abb. I/11 dargestellten Verschiebungen einiger Punkte der Talflanken zu bestimmen. Vergleicht man die Ergebnisse dieser Näherungsberechnung mit denen der Modellversuche, so lassen sich einige deutliche Unterschiede im Verlauf der Verformungslinie erkennen. Im besonderen ergeben die Modellversuche im Bereich auf Höhe des Wasserspiegels, wo die Talflanken keine oder nur geringe Pressungen erfahren, wesentlich kleinere Verschiebungen als die erwähnte Näherungsberechnung. Auch im Bereich des Beckenbodens ergibt die Berechnung größere Werte. Es ist dazu jedoch zu bemerken, daß das Kautschukmodell

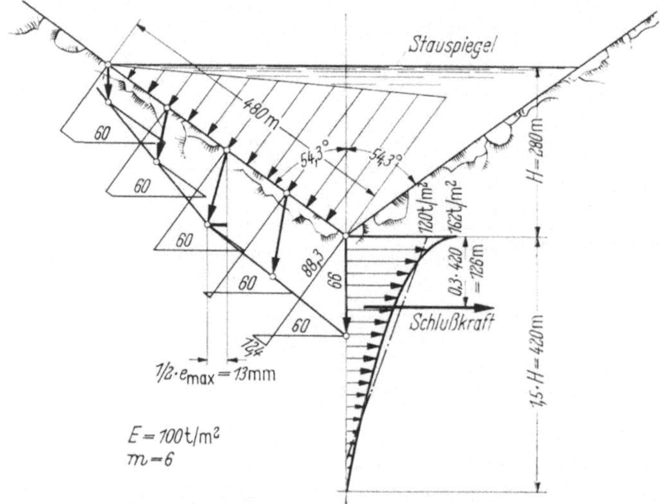

Abb. I/11. Staubecken Grande Dixence. Verformung der Talflanken auf Grund einer Berechnung des elastisch isotropen Halbraums [23]

des Staubeckens, seitlich und in die Tiefe begrenzt, nur unvollkommen die unendlich dicke zusammendrückbare Schicht, wie sie in der Berechnung vorausgesetzt wird, wiedergibt, da im Modell in einer gewissen Entfernung von den belasteten Talflanken der Elastizitätsmodul sehr stark zunimmt. Die Größe der Schlußkraft beträgt ungefähr die Hälfte des hydrostatischen Wasserdruckes. Wenn wir vom außergewöhnlichen Fall einer Spaltung des Talgrundes durch geologische Störung absehen, ist es sehr wahrscheinlich, daß er durch die Wirkung der seitlich darüber liegenden Felsmassen zusammengedrückt wird. Die Größe der vorhandenen Drücke läßt sich mit Hilfe von Messungen, ausgeführt in einem Stollen unter der Staumauer, bestimmen. Die bei der Füllung des Beckens auftretenden Zugspannungen unter dem Talboden sind von den natürlichen Druckspannungen im Felsmassiv in Abzug zu bringen.

In diesem Zusammenhang möge auch auf die vom U. S. „Bureau of Reclamation" für den Hoover-Dam durchgeführten Berechnungen der Talverformung, angenähert durch die Betrachtung eines schmalen und breiten Schlitzes in einer Halbebene, hingewiesen werden [15].

10. Anlandungs- und Erddruck

Bei wasserseitigen Anschüttungen ist der Erddruck unter Berücksichtigung des auf die festen Bestandteile wirkenden Auftriebs und unter Annahme eines dem Schüttungsmaterial entsprechenden Reibungswinkels zu berechnen und dem Stauwasserdruck hinzuzufügen.

Sind große Schlammablagerungen an der Sperrenstelle zu erwarten, so ist die Schlammpressung mit einem spezifischen Gewicht von 1,60 bis 1,96 t/m³ als Flüssigkeitsdruck in Ansatz zu bringen.

Bei luftseitigen Anschüttungen ist der Erddruck in die Berechnung höchstens in der Größe des Ruhedruckes einzuführen, keinesfalls in der des Erdwiderstandes.

11. Eisdruck

Die Ausbildung einer Eisdecke im Staubecken ist abhängig von den örtlichen Witterungsverhältnissen, den topographischen Verhältnissen des Stauraumes, sowie von der Sperrenlänge. Die Meinungen, ob ein wesentlicher Eisdruck auf die Sperre überhaupt auftreten kann, sind geteilt. Die Gründe hierfür sind mannigfacher Art. Erfahrungen haben nämlich gezeigt, daß es nur in seltenen Fällen zu einem Anliegen der Eisdecke an die Staumauer kommt, daß die Eisdecke schon bei Absenkungen von wenigen Zentimetern einbricht und somit an Schubkraft verliert. Ferner kann ein Eisdruck einer zusammenhängenden Eisdecke auf die Talsperre nur dann zustande kommen, wenn diese an den Ufern in der Gegenrichtung eine Abstützung findet. Auf Grund von Ergebnissen zahlreicher Untersuchungen verschiedener Fachleute dürfte feststehen, daß der Eisdruck selbst bei ungünstigen Verhältnissen nicht mehr als 30 t/lfm bei 1,0 m und 22 t/lfm bei 0,75 m starker Eisdecke betragen kann. Immerhin wird in Italien, in den skandinavischen Ländern und in den USA je nach den örtlichen Verhältnissen die Einführung des Eisdruckes in die statische Berechnung verlangt, wobei die einzusetzenden maximalen Drücke bei 30 t/lfm liegen. In der Schweiz wird von einer Berücksichtigung des Eisdruckes gänzlich abgesehen.

Die Größe des Eisdruckes ist offenbar von der Wärmeausdehnung der Eisdecke bei steigenden Temperaturen, dem Einfluß des Windes, der Sonnenbestrahlung (und sonstigen Strahlen), der Schneedecke, den Druckverhältnissen und der Dicke der Eisdecke abhängig. Beobachtungen ist zu entnehmen, daß mit dem größten Eisdruck in der Zeit knapp vor dem Auftauen zu rechnen ist, also vornehmlich zu einem Zeitpunkt, wo die Stauseen häufig abgesenkt sind. Wie leicht einzusehen ist, ist der Einfluß des Eisdruckes auf die Größe des Kippmomentes bei niederen Staumauern prozentual größer als bei hohen. Bei hohen Sperrenwerken ist er unmaßgeblich und kann durch den bis zur Kronenhöhe in Rechnung gestellten Überstau als gedeckt betrachtet werden. Wenn überhaupt, wird er in die Berechnung im allgemeinen als horizontale Kraft in Kronenhöhe eingeführt.

12. Wellenanprall

Je nach den örtlichen Verhältnissen können bei größeren Staubecken und ungünstiger Lage des Bauwerks zur Hauptwindrichtung Druckkräfte durch Wellenschlag auftreten. Bei verhältnismäßig großer Tiefe des Staubeckens sind diese Kräfte im Vergleich zu den wesentlichen Kraftwirkungen jedoch nur von untergeordneter Bedeutung. Entsprechend der Höhe des Wellenschlages über dem höchsten Stauziel ist auch das Freibordmaß, d. h. die Höhe der Staumauerkrone über den höchsten zu erwartenden Beckenspiegel bei Hochwasser, anzunehmen. Für die Wellenhöhe hat STEVENSON [8] folgende in den USA vielfach gebrauchte Formel angegeben:

$$h_w^{[\mathrm{m}]} = 0{,}76 + 0{,}36 \sqrt{d^{[\mathrm{km}]}} - 0{,}26 \sqrt[4]{d^{[\mathrm{km}]}} \,, \qquad (\mathrm{I}/6)$$

worin bedeuten

h_w Wellenhöhe in Metern gemessen von Tal bis Berg,

d Abstand des entferntesten Uferpunktes über offenem Wasser, gemessen von der Talsperre in km.

In neuer Zeit wird eher die Formel von MOLITOR [22] gebraucht. MOLITOR schlägt vor, die Windgeschwindigkeit in die für h_w gegebene Beziehung einzuführen und die STEVENSON-Formel wie folgt abzuändern:

$$h_w^{[\mathrm{m}]} = 0{,}76 + 0{,}032 \sqrt{v^{[\mathrm{km/h}]} \cdot d^{[\mathrm{km}]}} - 0{,}26 \sqrt[4]{d^{[\mathrm{km}]}} \,, \qquad (\mathrm{I}/7)$$

worin bedeuten

h_w Wellenhöhe von Tal bis Berg,

v Windgeschwindigkeit in km/h,

d Länge über freien Stauspiegel in der Windrichtung gemessen von der Talsperre aus.

Für d größer als 30 km vereinfacht sich die Beziehung zu

$$h_w^{[\mathrm{m}]} = 0{,}032 \sqrt{v^{[\mathrm{km/h}]} \cdot d^{[\mathrm{km}]}} \,. \qquad (\mathrm{I}/8)$$

Will man die auf das Bauwerk wirkende Kraft der rollenden Welle in Windrichtung (Zusatzkraft zum hydrostatischen Druck) berechnen, benützt man zweckmäßig die von der Wellenbewegung her bekannten Beziehungen oder stützt sich auf empirische Formeln. Für Bauwerke, deren Zweck in erster Linie die Energievernichtung der Welle ist, hat MOLITOR auch empirische Gleichungen für Wellenlänge, Geschwindigkeit, Ansteigen der Wellen über dem Ruhespiegel, Aufschlagshöhe über der Scheitelhöhe an einem Hindernis, Stoßkraft der Welle und andere Beziehungen entwickelt. Danach lassen sich die tatsächlichen Verhältnisse für höhere Sperrenwerke, unter der Voraussetzung von Tiefseewellen, durch die in Abb. I/12 dargestellten Beziehungen näherungsweise erfassen.

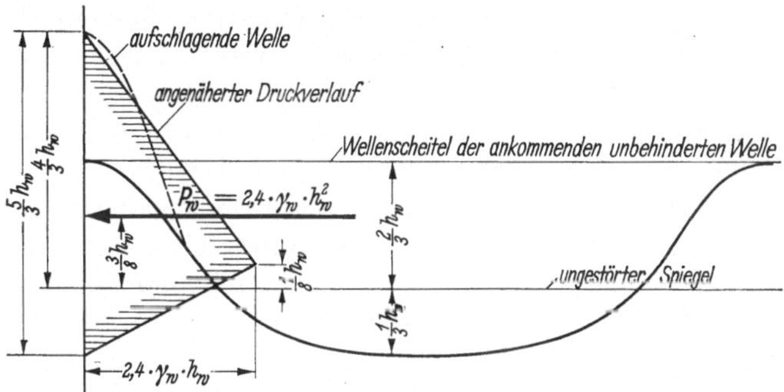

Abb. I/12. Wellenschlag auf vertikale Wand

Der maximale Wellendruck über dem Ruhespiegel errechnet sich pro laufenden Meter zu

$$p_w^{[t/m^2]} = 2,4\gamma_w^{[t/m^3]} \cdot h_w^{[m]}, \tag{I/9}$$

und die zusätzliche, zum statischen Druck hinzuzufügende größte Kraft durch den Wellenanprall kann mit dem vereinfachten dreieckförmigen Diagramm mit

$$P_w^{[t/m^3]} = 2,0\gamma_w^{[t/m^3]} \cdot (h_w^{[m]})^2 \tag{I/10}$$

angegeben werden. Es handelt sich dabei um geringe Kraftwirkungen, die bei höheren Talsperren gegenüber der Wasserlast bedeutungslos sind und durch die Annahme eines möglichen, höchsten Wasserspiegels zur Berechnung des Wasserdruckes aus dem Stauraum reichlich gedeckt sind.

Das Freibordmaß ohne Sicherheitszuschlag beträgt

$$h_{\text{Fb}} = \frac{4}{3} \cdot h_w. \tag{I/11}$$

Da es sich um rein empirische Formeln handelt, sind sie mit Vorsicht anzuwenden, wenn die tatsächlichen Verhältnisse von den Testverhältnissen stark abweichen, insbesondere bei geringen Wassertiefen. (So erhält man z. B. aus Gl. (I/7) mit $v = 0$ und $d = 0$ das absurde Resultat: $h_w = 0,76$ m.)

Es wird empfohlen, die angegebenen Formeln nur für Windgeschwindigkeiten bis höchstens 100 km/h zu gebrauchen. An geneigten Flächen (aufgelöste Staumauern, Böschungen von Dämmen) ist, wie Beobachtungen bestätigen, die Aufschlagshöhe der Wellen größer als an vertikalen Flächen. Aus diesem Grunde wird bei Erddämmen, wo die Höhe des Ansteigens über dem Ruhespiegel von besonderer Bedeutung ist, letztere mit 1,4 bis 1,5 h_w bewertet. Da dem Wellenstoß bei der statischen Berechnung von Talsperren nur geringe Bedeutung zukommt, kann man sich mit oben erwähnten empirischen Formeln abfinden.

Von einer Berücksichtigung des Winddruckes selbst kann bei massiven Sperrenwerken meist abgesehen werden. Bei vollem Becken bietet die Staumauer dem Wind nur an der Luftseite eine Angriffsfläche. Die auftretenden maximalen Drücke sind im Verhältnis zum Wasserdruck aus dem Stauraum gering und wirken ihm entgegen. Auch bei leerem Becken kommt dem Winddruck keine Bedeutung zu. Bei aufgelösten Sperrentypen ist jedoch unter Umständen dem Winddruck in Mauerlängsrichtung Beachtung zu schenken. Selbstverständlich sind eventuelle Aufbauten (Wehrverschlüsse usw.) mit Berücksichtigung des Winddruckes zu bemessen.

13. Dynamische Kräfte hervorgerufen bei überströmtem oder von Rohrleitungen durchströmtem Sperrenkörper

Dynamische Kräfte, hervorgerufen durch das fließende Wasser, treten auf, wenn im Bereich der Kronenhöhe der Sperre ein Überfall angeordnet ist oder wenn Rohrleitungen durch den Sperrenkörper geführt werden (Grundablaß, Turbinenumleitungen u. dgl.). Diese Kräfte lassen sich zumindest größenordnungsmäßig mit Modellversuchen, rechnerisch mit Hilfe der Potentialtheorie oder graphischer Methoden bestimmen.

Konstruktive Ausbildungen, bei denen eine Strahlablösung, Unterdruckbildung und Schwingungen auftreten können, sind zu vermeiden. Auch hier sind Modellversuche zur Auffindung vorteilhafter Lösungen heranzuziehen.

Bei unsicheren geologischen Verhältnissen im Speicherbecken kann in besonderen Fällen eine Überströmung der Mauer als Folge von Rutschungen im Stausee eintreten. Wenn bei der Planung die Gefahr solcher Rutschungen Berücksichtigung finden muß, so lassen sich die damit verbundenen auftretenden Zusatzkräfte auf das Sperrenwerk, sowie die zu erwartende Flutwelle bei vollem Becken am besten auf

Grund von Modellversuchen erfassen. Um das Ausmaß der zu erwarten-
den Rutschungen festzustellen, bedarf es eingehender geologischer
Untersuchungen. Der Talsperrenkonstrukteur hat sich in solchen
Sonderfällen mit der Frage auseinanderzusetzen, ob der Bau eines
Sperrenwerks unter diesen Bedingungen noch verantwortbar erscheint.

14. Kräfte hervorgerufen durch Sprengwirkungen im Kriegsfall

Bei der Wahl des Sperrentyps und der Bemessung von Staumauern
spielen in manchen Ländern auch die Anforderungen für den Schutz
vor Kriegseinwirkungen, insbesondere gegen Sprengwirkungen infolge
Bombardierung, eine wesentliche Rolle. So wird beispielsweise in der
Schweiz bei massiven Talsperren in einer festgesetzten Tiefe unter dem
höchsten Beckenspiegel eine Mindestmauerstärke verlangt oder vor-
geschrieben, daß durch geeignete Betriebseinrichtungen eine Absenkung auf die geforderte Mindestmauerdicke in kurzer Zeit möglich ist.
Der praktische Wert derartiger Vorschriften in der heutigen Zeit scheint
allerdings zweifelhaft. Weit wichtiger und realistischer sind die Probleme der Flutwelle und der Schadensverhütung, die sich unter der
Voraussetzung der Überflutung einer teilweise oder gänzlich zerstörten
Mauer ergeben.

Literaturverzeichnis

a) Werke

[1] Creager, W. P., J. D. Justin and J. Hinds: Engineering for Dams, Vol. II,
New York: John Wiley & Sons 1945.
[2] Fröhlich, O. K.: Druckverteilung im Baugrunde, Wien: Springer 1934.
[3] V. Internationaler Kongreß für Bodenmechanik und Fundationstechnik,
Paris 1961.
[4] II. Internationaler Kongreß für Erdbeben, Tokio und Kyoto 1960.
[5] VI. Internationaler Talsperrenkongreß, Vol. II, Berichte zu Frage 21,
New York 1958.
[6] Leliavsky, S.: Uplift in Gravity Dams, London: Constable & Co. 1958.
[7] Stauanlagen: Richtlinien für den Entwurf, Bau und Betrieb. Teil I: Talsperren. DIN 19700, Bl. 1 (1953).
[8] Stevenson, T.: Design and Construction of Harbours: A Treatise of Mari-
time Engineering, Ed. 2, Edinburgh 1874.
[9] Stucky, A., et M. H. Derron: Problèmes thermiques posés par la construction des barrages-réservoirs, Lausanne: Paul Feissly 1957.
[10] Tauernkraftwerke A. G.: Die Hauptstufe des Tauernkraftwerkes Glockner-
Kaprun, Zell am See. Festschrift, Sept. 1951.
[11] Tauernkraftwerke A. G.: Die Oberstufe des Tauernkraftwerkes Glockner-
Kaprun, Zell am See. Festschrift, Sept. 1955.
[12] Tölke, F.: Talsperren. Bd. III/9 der Handbibliothek für Bauingenieure, Berlin: Springer 1938.

[*13*] United States Bureau of Reclamation: Treatise on Dams. Vol. X Design and Construction. Chap. 9 Gravity Dams, Washington 1950.

[*14*] United States Bureau of Reclamation: Treatise on Dams. Vol. X Design and Construction. Chap. 10 Arch Dams, Washington 1950.

[*15*] United States Bureau of Reclamation: Treatise on Dams. Vol. X Design and Construction. Chap. 4 Basic Considerations, Washington 1950.

[*16*] VOGT, F.: Über die Berechnung der Fundamentdeformation, Oslo: Jacob Dybwad 1925.

b) Aufsätze in Zeitschriften

[*17*] BROWN, E., and G. C. CLARKE: Ice Thrust in Connection with Hydro-electric Plant Design. Eng. J., Jan. 1932.

[*18*] DAVISON, CH.: Bull. Seismological Soc. Amer. 1921, p. 160.

[*19*] FILLUNGER, P.: Der Auftrieb in Talsperren. Österr. Wschr. f. d. öffentl. Baudienst 1913, H. 45.

[*20*] FILLUNGER, P.: Neuere Grundlagen für die statische Berechnung von Talsperren. Z. d. österr. Ing.- u. Arch.-Ver. 1914, S. 441.

[*21*] FILLUNGER, P.: Versuche über die Zugfestigkeit bei allseitigem Wasserdruck. Österr. Wschr. f. d. öffentl. Baudienst 1915, H. 29.

[*22*] MOLITOR, D. A.: Wave Pressures on Sea Wall and Break Waters. Trans. Am. Soc. Civ. Eng. 100 (1935) p. 984.

[*23*] STUCKY, A.: Quelques problèmes relatifs aux fondations des grands barrages-réservoirs. Barrage du Mauvoisin et de la Grande Dixence. Bull. techn. Suisse rom. 80 (1954) Nos 21 et 22.

[*24*] TALOBRE, I. A.: Bilan de la technique des barrages-voûte. Construction, Mars 1964, p. 75.

[*25*] TERZAGHI, K.: Beanspruchungen von Gewichtsstaumauern durch das strömende Sickerwasser. Bautechnik 12 (1934) H. 29.

[*26*] WESTERGAARD, H. M.: Water Pressure on Dams during Earthquake. Proc. Am. Soc. Civ. Eng. 98 (1933).

Gewichtsstaumauern — Berechnung und Bemessung

A. Allgemeines

1. Gestaltung

Gewichtsstaumauern werden heute fast ausschließlich in Beton und nur in Ausnahmefällen für Sperren geringer Höhe in Mauerwerk hergestellt; ihre Querschnittsform ist annähernd die eines Dreiecks mit möglichst lotrechter Wasserseite, dessen Spitze auf Höhe des höchsten Stauspiegels liegt. In Abb. II/1a—e sind Beispiele einiger Gewichtsstaumauern der neueren Zeit aus europäischen Ländern und aus den USA dargestellt. Die Außenfläche der Mauer wird eben gestaltet. Gekrümmte Mauerflächen, wie sie beim Hoover-Dam aus statischen Gründen (um eine gleichmäßigere Verteilung der Beanspruchungen, namentlich im Gründungsbereich, zu erzielen) zur Ausführung kamen, erscheinen heute nicht mehr gerechtfertigt.

Die Wasserseite wird vertikal, eventuell mit negativem Anzug im unteren Teil (Beispiel: Talsperre Grande Dixence) oder mit geringer Neigung (max. etwa 10%) ausgeführt. Ein betontes Schrägstellen der Wasserseite, eine Fußverbreiterung aus dränungstechnischen Gründen oder um zu verhindern, daß die Resultierende bei leerem Becken infolge der Kronenlast aus dem Kernquerschnitt heraustritt (Gefahr des Auftretens größerer Zugspannungen an der Luftseite), sind zu vermeiden. Diese bei geradliniger Normalspannungsverteilung errechneten kleinen Zugspannungen an der Luftseite sind auch bei Mauern von mittlerer Höhe unbedenklich. Berücksichtigt man nämlich bei der Berechnung des Spannungszustandes den Einfluß der Bauausführung (und der Baugrundverformung), so läßt sich zeigen, daß das Auftreten dieser Zugspannungen sehr unwahrscheinlich ist. Auch wirtschaftliche Überlegungen in bezug auf die Mauerkubatur lassen die vertikale Wasserseite vorteilhaft erscheinen.

Die Luftseite der Gewichtsmauern wird gleichfalls eben mit einheitlicher Neigung oder mit einigen Neigungsbrüchen ausgeführt. Bei höheren Mauern läßt sich durch eine luftseitige Außenfläche mit mehrfacher Neigung ein wirtschaftlicheres Mauerprofil erzielen, das sich den statischen Bedingungen auch in den weniger hohen Randprofilen besser anpaßt.

Zur Herabsetzung der Spannungsspitzen am wasser- und luftseitigen Mauerfuß, die bei Berücksichtigung der Felsverformung auf jeden Fall auftreten, sind Vorschläge gemacht worden, harte Übergänge zu vermeiden und Ausrundungen oder Fußverbreiterungen vorzusehen.

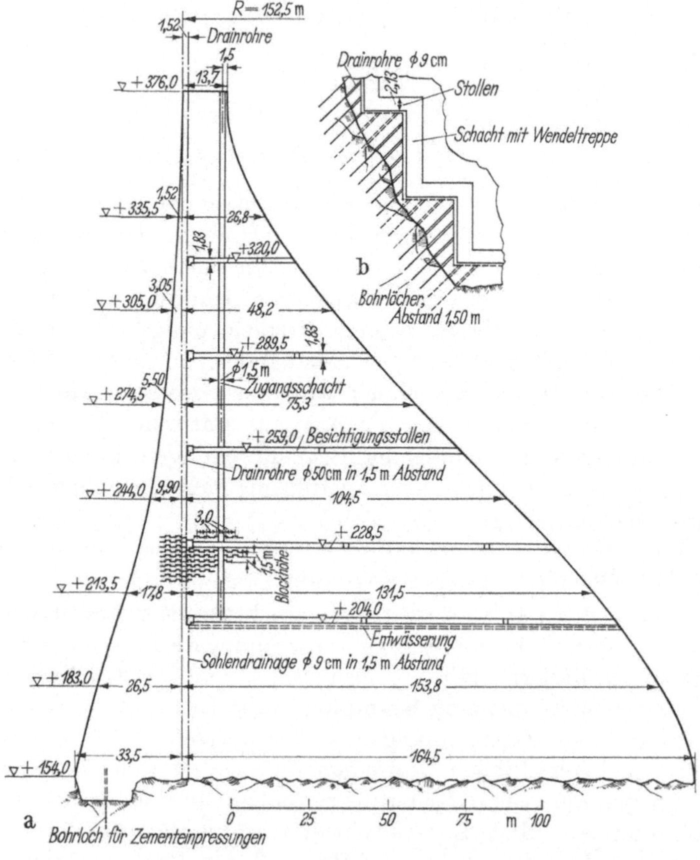

Abb. II/1a. Staumauer Hoover (Boulder) (USA)

Versuche und Berechnungen nach der Elastizitätstheorie haben gezeigt, daß diese Spannungsspitzen auch bei scharfen Ecken nur lokalen Einfluß haben und im Inneren des Mauerkörpers rasch abgebaut werden. Sofern es sich nicht um sehr kräftige Ausrundungen handelt, ist es wenig wahrscheinlich, daß die Extremwerte der Spannungsspitzen, die beim Übergang vom Mauerquerschnitt auf dem Halbraum auftreten, genügend herabgesetzt werden können, um wirkungsvoll zu sein. Diese außergewöhnlich hohen Spannungen um die Mauerfußpunkte beeinflussen wohl das Spannungsbild im Bereich der Gründung, sind aber im allgemeinen bei vorsorglicher Bemessung für das Gesamtverhalten des Bauwerks unbedenklich (vgl. Abschn. 5 f γ, S. 98, und Abschn. 10, S. 154).

Da keine statischen Bedingungen die Linienführung beeinflussen, werden Schwergewichtsmauern im Grundriß meist geradlinig oder zur

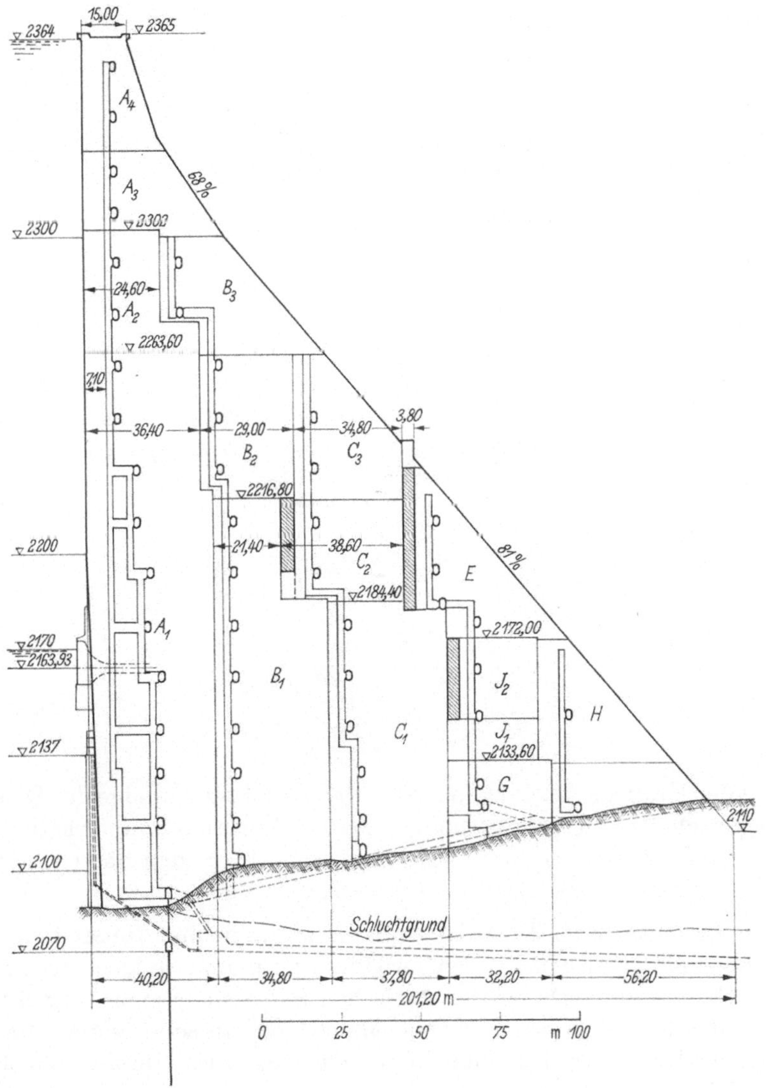

besseren Anpassung an die topographischen Verhältnisse mit mehrfach geknickter Achse (als kürzeste Verbindungslinie zwischen den Talflanken) ausgebildet (Abb. II/2). Eine bogenförmige Linienführung (z. B. zur Verkeilung der Mauer zur Sicherung gegen Abgleiten bei mürben Talflanken) bietet auch bei verpreßten Querfugen wenig Vorteile, da der

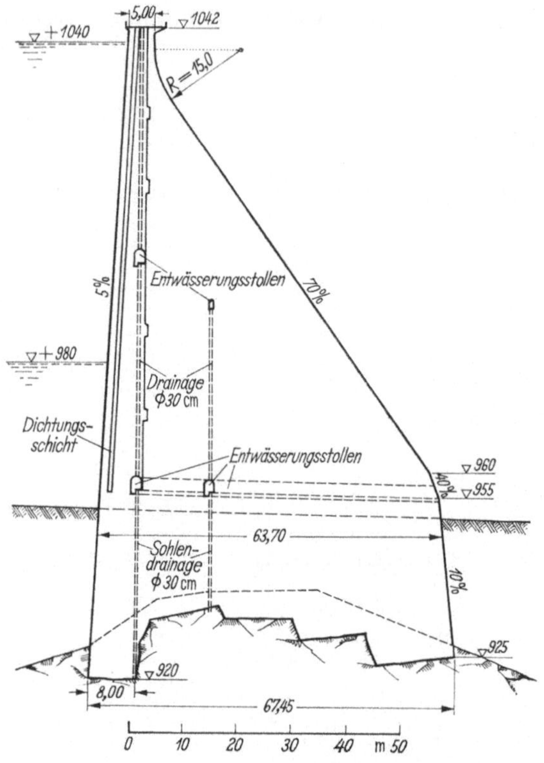

Abb. II/1c. Staumauer Chambon (Frankreich)

Anteil der Kraftübertragung in horizontaler Richtung infolge der Dicke der Querschnitte nur sehr gering ist. Da die Mauerstärke unterhalb des Kronenaufsatzes rasch zunimmt, gilt dies auch für den oberen, noch mehr oder weniger elastischen Mauerbereich.

Die Errichtung der Talsperre in Beton erfordert eine Herstellung in nebeneinandergereihten Blöcken, wodurch zwangsweise Querfugen im Bauwerk entstehen. Da bei der statischen Berechnung einer Gewichtsmauer im allgemeinen jeder einzelne Mauerblock als selbständiger Baukörper betrachtet wird, kommt diesen Querfugen im Hinblick auf die Standsicherheit nicht zu große Bedeutung zu. Trotzdem sind sie für die

Abmessungen des Bauwerkes nicht ohne Einfluß. Je nach Gestalt und
Behandlung dieser Querfugen unterscheiden wir:

Gewichtsmauern mit durchgehenden, atmenden Blockfugen (s. Abb. II/3a):
Die Querfugen werden häufig mit einer Verzahnung (Verdübelung) versehen, um
eine Kraftübertragung in Mauerlängsrichtung zu ermöglichen. Diese Dübel sollten
keine scharfen Übergänge aufweisen, um Rißbildungen zu vermeiden.

Gewichtsmauern mit erweiterten, atmenden Blockfugen (Hohlräume), die bis
auf den Gründungsfels durchgehen (s. Abb. II/3b): Durch vorteilhaftere Sohlen-
und Porenwasserdruckverhältnisse wird eine Gewichtsverminderung des Mauerkörpers ermöglicht.

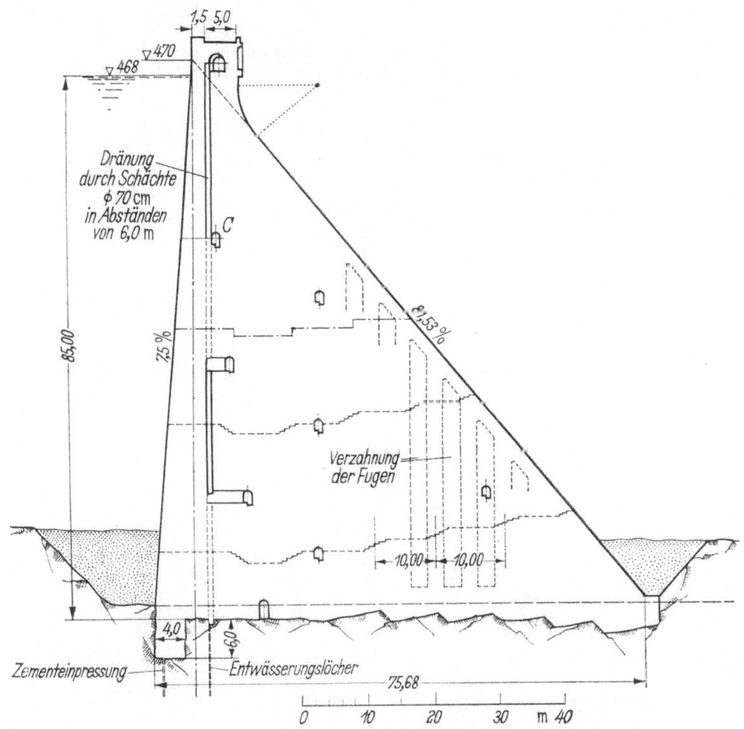

Abb. II/1d. Staumauer Suviana (Italien)

Gewichtsmauern mit durchgehenden injizierten Blockfugen (s. Abb. II/3c):
Wird eine Kraftübertragung in Mauerlängsrichtung gewünscht, so werden die
Fugen mit einem geeigneten Injektionsgut ausgepreßt. Diese Maßnahme kann
auch nur auf den unteren Teil einer Talsperre beschränkt werden, wo die Talflanken näher zusammenrücken und eine monolithische Mauerwirkung erzielt werden
kann (z. B.: Talsperre Grande Dixence). Bei der Bemessung wird dieser räumliche
Zusammenhang meist nicht berücksichtigt, sondern nur als statische Nebenwir-
kung betrachtet.

3*

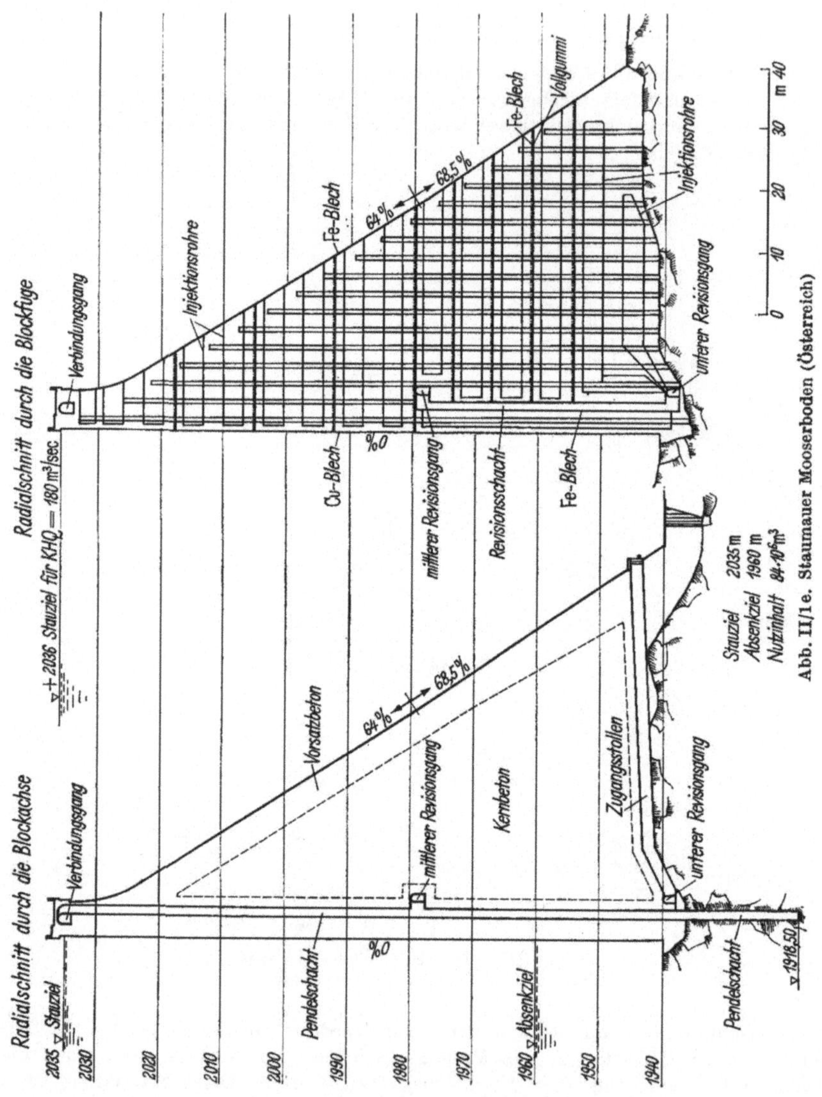

Abb. II/1e. Staumauer Mooserboden (Österreich)

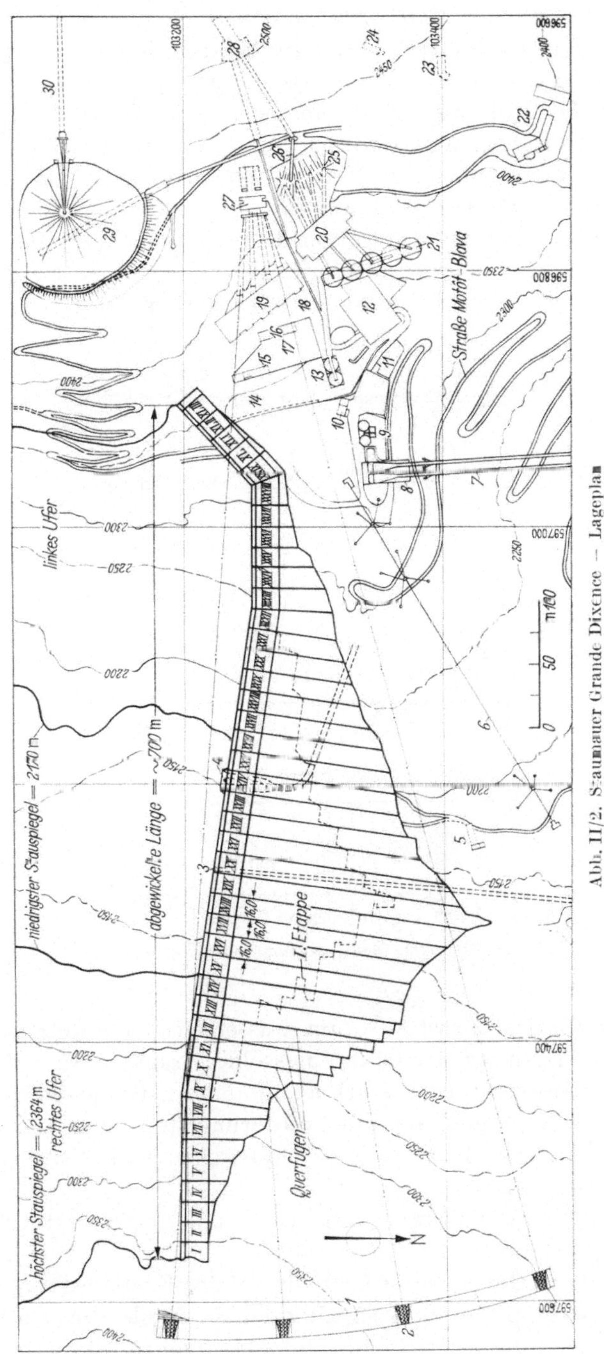

Abb. II/2. Staumauer Grande Dixence — Lageplan

3 B   Rescher, Talsperrenstatik

Was die Herstellung der Querfugen betrifft, so mag bemerkt werden, daß die Ausführung der Hohlräume im Mauerinneren im Vergleich zu der Ausbildung durchgehender Querfugen eine doppelte Schalung erfordert. Der bei Hohlräumen erzielbare Gewinn an Mauerkubatur infolge geringerer Sohlenwasserdruck- und Auftriebswirkungen wird durch diesen wirtschaftlichen Nachteil beeinträchtigt. Da zur Überwachung des Verhaltens des Bauwerkes im Inneren des Mauerkörpers auf jeden Fall eine große Anzahl von Kontrollschächten und Prüfgängen vorzusehen sind, werden die Auftriebswirkungen im Mauerinneren auch bei durchgehenden Querfugen stark herabgesetzt. Konstruktive

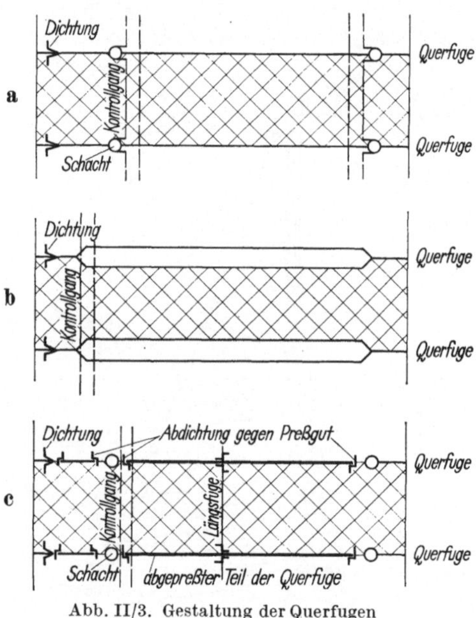

Abb. II/3. Gestaltung der Querfugen

Maßnahmen (Entlastungsstollen am wasserseitigen Mauerfuß, Dichtungsschleier, Dränung der Gründungssohle) tragen ferner dazu bei, auch den Sohlenwasserdruck stark abzumindern. Keine der Lösungen ist somit ohne Nachteile, und die Ausführung der einen oder anderen hängt daher von der Beurteilung der statischen und wirtschaftlichen Vorteile ab.

Bei höheren Gewichtsstaumauern ist es außerdem erforderlich, die Blöcke beim Betonieren zur Vermeidung von Spaltrissen durch Längsfugen zu trennen. Diese Längsfugen, die bei der Kraftübertragung eine wesentliche Rolle spielen, müssen trotz der Nachteile, die sich aus dem Altersunterschied der angrenzenden Blöcke ergeben, durch eine wirksame Verdübelung in der Fugenebene, eine einwandfreie Kraftübertragung gewährleisten (s. Abb. II/4). Aus diesem Grunde ist es meist erforderlich, diese Längsfugen zu injizieren und Vorkehrungen für eine mögliche Nachinjektion zu treffen.

Abb. II/4. Talsperre Grande Dixence. Ausbildung der Längsfugen (Verzahnung). Links im Vordergrund ist auch die Verzahnung der Querfugen sowie der Kontrollschacht zu erkennen; ferner im Mittelteil links eine Trennspalte (teilweise bereits für den Winter abgedeckt). Bauzustand Oktober 1957

2. Anwendung

Gewichtsstaumauern eignen sich besonders für die Schaffung von Speicherbecken in Tälern mit breitem Abschluß. Kommen mehrere Sperrentypen in Frage, so sind meist wirtschaftliche Überlegungen für die Wahl maßgebend, wobei nicht nur das Sperrenwerk selbst, sondern auch die Nebenbauwerke am Sperrenort mit in die Betrachtung einbezogen werden müssen. Die Wahl einer Gewichtsmauer kann durch geologische Verhältnisse und vorteilhafte Abführung von größeren Hochwassermengen über das Sperrenbauwerk begünstigt werden. Ferner sind Frostwirkungen an den Außenflächen bei Gewichtsmauern unbedenklicher als bei anderen Sperrenwerken. Es läßt sich auch auf einfache Weise eine billige Überführung von einer Straße ohne Nachteile auf die Gestaltung des Bauwerks herstellen. Außerdem können militärische Anforderungen und Fragen betreffend die Sicherheit des Bauwerks die Wahl dieses Sperrentyps günstig beeinflussen.

3. Gründung

Die Gründungssohle, Berührungsfläche zwischen Talsperre und Fels, ist bei Gewichtsstaumauern, deren Gleitsicherheit nicht groß ist, besonders sorgfältig zu gestalten und vorzubereiten. Sprengarbeiten sollten gänzlich vermieden werden; wenn bei größeren erforderlichen Aushubtiefen auf vorsichtige Aussprengungen nicht ganz verzichtet werden kann, sollte gefordert werden, daß zumindest die letzte Felsschicht über der endgültigen Gründungssohle in genügender Stärke von Hand gearbeitet wird. Sichtbare Klüfte sind mit hochwertigem Einpreßgut auszufüllen. Nach Beendigung der Aushubarbeiten sollte die endgültige Gründungssohle, die möglichst unregelmäßig und rauh auszubilden ist, durch Abspritzen mit Druckwasser sorgfältig gereinigt werden. Zur Erhöhung des Gleitwiderstandes soll die Kontaktfläche unter schwacher Neigung gegen die Luftseite hin ansteigen. Ferner sind kräftige Verzahnungen, welche möglichst den Richtungen der Hauptnormalspannungstrajektorien bei vollem Becken im Gründungsbereich anzupassen sind, vorzusehen. Scharfe Übergänge sind zur Vermeidung von gefährlichen Kerbwirkungen, die die Rißgefahr begünstigen, auszuschließen. Außerdem ist der luftseitige Mauerfuß gegen eine genügend hohe Felsstufe gesunden Gebirges abzustützen (Abb. II/5). Zur besseren Verbindung von Beton und Fels ist es auch zweckmäßig, nach Aufbringen einer entsprechend starken Betonschicht Heftbohrungen über die ganze Gründungsfläche verteilt vorzunehmen und diese auszupressen (Heftverpressungen). Im Bereich des wasser- und luftseitigen Mauerfußes, wo im Betonkörper und im Felsmassiv besonders hohe Spannungen auftreten, können je nach der Natur des Felsens zusätzliche Zementinjektionen oder Injektionen mit anderen geeigneten widerstandsfähigen Einpreßmitteln zur Verfestigung des Felsuntergrundes von Vorteil sein.

Abb. II/5. Schematische Darstellung einer richtig ausgebildeten Gründungsfläche einer Gewichtsstaumauer

4. Dichtung des Gründungsfelsens

Die Notwendigkeit von Dichtungsmaßnahmen besteht hauptsächlich an der Wasserseite entlang der Gründungsfuge. In manchen Fällen wird der wasserseitige Mauerfuß tiefer als die übrige Gründungssohle in den Untergrund eingebunden. Scharfe Übergänge sind aus den erwähnten Gründen auch hier zu vermeiden. Um die Durchsickerungen auch an den Talflanken in zulässigen Grenzen zu halten, muß der Dichtungsschleier auch seitlich genügend tief in die Hänge ausgedehnt werden. Einpreßverfahren und -mittel hängen von der Beschaffenheit des Gebirges, der Sperrenform und der Stauhöhe ab. Die Durchführung der Verdichtungs- und Vergütungsarbeiten erfolgt meist stufenweise unter ständiger Kontrolle der erreichten Wirkung.

Bei der Ausarbeitung des Ausführungsentwurfes müssen die ingenieur-geologischen Untersuchungen so weit vorgeschritten sein, daß man sich ein klares Bild über den Erfolg von Dichtungs- und Vergütungsmaßnahmen machen kann. Nur bei Vorhandensein eines solchen Befundes ist es möglich, unliebsame Überraschungen weitestgehend auszuschalten und die statische Berechnung der Sperre mit einigermaßen zutreffenden Annahmen für den Sohlenwasserdruck durchzuführen.

Gegebenenfalls sind bei stark klüftigem oder durchlässigem Fels Dichtungsmaßnahmen auch im Staubecken selbst vorzunehmen.

B. Berechnung und Bemessung

1. Grundgedanken zur Berücksichtigung des Sohlen-, Fugen- und Porenwasserdrucks

a) *Allgemeines*

Wie bereits in Abschn. I/4 erwähnt, kommt dem Sohlenwasserdruck und dem im Inneren des Sperrenkörpers wirksamen Auftrieb bei der Bemessung von Gewichtsstaumauern besondere Bedeutung zu. Da die diesbezüglichen Annahmen die Abmessungen der Mauer und somit auch ihre Wirtschaftlichkeit wesentlich beeinflussen, sollen sie im weiteren eingehender untersucht werden. Grundsätzlich kann die Beanspruchung des Sperrenkörpers durch Druckwasser wie folgt erfolgen:

durch Eindringen von Druckwasser in die Sohlfuge,

durch Eindringen von Druckwasser in schlecht behandelte Arbeitsfugen, in unvorhergesehene oder fiktive Risse des an sich dichten Betonkörpers,

durch Kraftwirkungen einer Sickerströmung durch den porösen Sperrenkörper,

durch Zusammenwirken der aufgezählten Einzelwirkungen.

Eine genaue vorausschauende Erfassung der tatsächlichen Zustände in der ausgeführten Talsperre ist aus begreiflichen Gründen wohl kaum möglich. Es geht daher darum, die Verhältnisse bei der statischen Untersuchung so zu erfassen, daß die Standsicherheit der Mauer auch im ungünstigsten Falle gewährleistet ist. Hinsichtlich der bei der Berechnung zu treffenden Annahmen bestehen nach wie vor große Meinungsverschiedenheiten. Es liegt in der Natur der Sache, daß es für den projektierenden Ingenieur sehr schwierig ist, die Qualität der Ausführung und den Einfluß sonstiger bei der Herstellung des Bauwerks schwer abzuschätzender Faktoren in Rechnung zu stellen. Im folgenden sollen heute in der Praxis verwendete ältere und neuere Auffassungen gegenübergestellt, ihr Einfluß auf die Stabilitätskriterien untersucht und für die praktische Anwendung brauchbare Vorschläge zusammengestellt werden.

Die älteren Auffassungen sind dadurch gekennzeichnet, daß der unbestrittenen Wasserdurchlässigkeit des Felsens durch den Ansatz eines Sohlenwasserdrucks Rechnung getragen wird, während das Bauwerk in seiner Gesamtheit als wasserundurchlässig betrachtet wird. Auftriebswirkungen im Inneren des Bauwerks werden mit der Möglichkeit von Rißbildungen in Verbindung gebracht und durch den Eintritt von Druckwasser in schlecht ausgeführte Arbeitsfugen und in sonstige unvorhergesehene oder fiktive Risse unter der Annahme eines Fugenwasserdrucks berücksichtigt. Ausgehend von der Tatsache, daß Druckspannungen im Sperrenkörper den Eintritt von Druckwasser nicht verhindern können, wird nach neueren Auffassungen Gründungsfels und Bauwerk in seiner Gesamtheit als wasserdurchlässiger Körper betrachtet. Der Sickerströmung entsprechend werden Grundlagen zur Berechnung des Auftriebs (Wirkung des Porenwasserdrucks) aufgestellt. Nach der Meinung des Verfassers ist es jedoch angebracht, eine klare Trennung zwischen Gründungsfels und Staumauer vorzunehmen, da die mathematischen Bedingungen der Sickerströmung entlang der Gründungsfuge schlecht definiert sind. Ergebnisse von zahlreichen, in allen Ländern durchgeführten Sohlenwasserdruckmessungen in Quer- und Längsrichtung von Talsperren bestätigen diese Tatsache, die darauf zurückzuführen ist, daß das einheitliche Bild der Durchströmung im geklüfteten Fels zahlreiche unberechenbare Störungen erleidet. Hingegen lassen sich die Verhältnisse im durchlässigen Sperrenkörper besser erfassen.

Im Sinne des Vorhergesagten sollte man sich daher in der Praxis mit einer Schematisierung für die Verteilung des Sohlenwasserdruckes abfinden. Brauchbare Annäherungen erscheinen auf Grund der heutigen Erfahrungen durchaus möglich. Wir wollen im weiteren die mit der Sickerströmung verbundenen Kraftwirkungen getrennt als Wirkungen von Sohlen-, Fugen- und Porenwasserdruck behandeln.

b) Sohlenwasserdruck

Die zahlreichen vorliegenden Meßergebnisse, von denen einige in
Abb. II/6 dargestellt sind, zeigen, daß die beste Anpassung an eine
wahrscheinliche Sohlenwasserdruckverteilung durch einen geknickten
Geradenzug (s. Abb. I/1) oder einer leicht nach innen gekrümmten
Kurve gefunden werden kann. Da heute kaum ein Sperrenwerk ohne
Entwässerungsstollen entlang der Umfangsfuge ausgeführt wird, kann
ein in der Ebene dieses Stollens geknickter Geradenzug als brauchbare

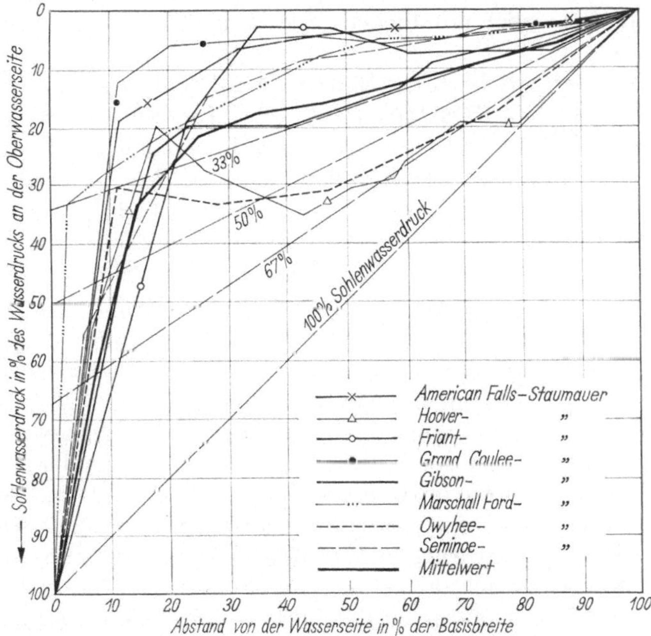

Abb. II/6. Sohlenwasserdruck unter verschiedenen, meist hohen Staumauern [74]

Näherung angenommen werden. Es handelt sich trotz allem um eine
mehr oder weniger willkürliche Annahme, so daß die lineare Verteilung ebenfalls gerechtfertigt erscheint. Die Schwierigkeit liegt weniger
in der Annahme einer entsprechenden Druckverteilung (Intensitätsfaktor) als in jener zutreffender Werte für den Flächenfaktor des Sohlenwasserdrucks. Näheres darüber wurde bereits in Abschn. I/4 dargelegt. Während in europäischen Ländern eher mit einer dreieckförmigen
Querverteilung des Sohlenwasserdrucks gerechnet wird, wird in den
USA eine Verteilung mit gebrochenem Linienzug bevorzugt. Auf Grund
neuerer Untersuchungen sollte bei dreieckförmiger Verteilung der Abminderungsfaktor des Sohlenwasserdrucks nicht kleiner als 0,85 gewählt werden, während er bei der Annahme eines gebrochenen Linien-

zuges mit 1,00 an der Wasserseite und etwa 0,50 in der Dränebene fest-
zusetzen ist. In den meisten Ländern bleibt es dem Entwurfsverfasser
überlassen, sich der einen oder anderen Auffassung anzuschließen.

c) Fugenwasserdruck

Die Beanspruchung des Sperrenkörpers durch Druckwasser in
schlecht behandelte Arbeitsfugen, in unvorhergesehene oder fiktive
Risse ist in erster Linie mit den älteren Auffassungen eines undurchlässigen, jedoch rißempfindlichen Sperrenkörpers in Verbindung zu
bringen.

Auf die Gefährlichkeit des Eintritts von Druckwasser in aufgerissene
Fugen haben schon KIEL [50], FECHT [40], LIECKFELDT [53] und LEVY
[52] verwiesen. Um zu wirtschaftlichen Abmessungen der Mauer zu gelangen, ist es üblich, bei Regellastfällen an der Wasserseite Randdruckspannungen zuzulassen, welche etwas kleiner sind als der
hydrostatische Druck; dadurch ist das Eindringen von Druckwasser in
Risse, die ihren Ausgang an der Wasserseite der Mauer haben, grundsätzlich möglich. Eine genaue Erfassung des Rißbildes für diesen Zustand kann wohl kaum gegeben werden, so daß wir uns auch hier, ähnlich wie beim Sohlenwasserdruck, mit einer weitgehenden schematischen
Erfassung der Verhältnisse begnügen müssen.

Die Annahme einer linearen Querverteilung des Fugenwasserdrucks
über die ganze Länge des Mauerhorizontes entspricht der Auffassung
eines fiktiven bis an die Luftseite durchgehenden Horizontalrisses in der
Mauer, welcher von Druckwasser durchströmt wird. An der Wasserseite
wird der Fugenwasserdruck in der Größe des vollen oder abgeminderten
hydrostatischen Drucks eingeführt, an der Luftseite ist er Null, da der
Austritt des Druckwassers an der Luftseite ohne Druck erfolgt. Damit
dieses Druckwasser voll wirksam wird, wird der ungünstigste Fall angenommen, daß oberhalb des betrachteten Mauerhorizontes kein weiterer Horizontalriß vorhanden ist.

Eine andere Auffassung ist die, welche von der Annahme ausgeht,
daß Horizontalrisse in der Mauer nicht bis zur Luftseite durchgehen und
Druckwasser ohne Druckhöhenverluste bis ganz oder bis nahe an die
Rißwurzel der klaffenden Fuge eindringt. Die Verteilung der verti-
kalen Druckspannungen im verbleibenden wirksamen Querschnitt der
Mauerfuge zwischen Rißwurzel und Luftseite kann trapezförmig ange-
nommen werden. Mittels der Gleichgewichtsbedingungen lassen sich die
Rißbreite und die Randdruckspannungen errechnen. Diese Art der
Berechnung ergibt höhere Randdruckspannungen an der Luftseite als
die vorher geschilderte Methode, ist aber mit größeren theoretischen
Mängeln behaftet, auf die im folgenden noch hingewiesen wird.

Um uns ein Urteil über beide heute noch in der Praxis verwendeten Auffassungen zu bilden, welche Extremfälle kennzeichnen, wollen wir diese näher untersuchen.

α) **Standsicherheitsnachweis mit Berücksichtigung eines konstanten Fugenwasserdrucks (stehendes Spaltwasser).** Die Bemessung der Staumauer mit Berücksichtigung eines konstanten Fugenwasserdrucks geht auf einen bereits im Jahre 1889 von KIEL [50] gemachten Vorschlag zurück, wonach Druckwasser in vorhandene oder fiktive Risse oder mangelhaft ausgebildete Horizontalfugen nur bis zu einem Punkt vordringen kann, in welchem die vertikale Normalspannung im Mauerkörper gleich ist dem Außendruck an der Wasserseite. Die Wirkung des Eintritts von Druckwasser in Risse beliebiger Richtung, insbesondere in Vertikalrisse oder -fugen wird nicht in die Betrachtung einbezogen. Diese Annahmen wurden später von LIECKFELDT [53] als Bemessungsgrundlage übernommen und in mancher Beziehung erweitert. Unter seinem Namen pflegt man auch heute noch einen Spannungsnachweis auf Grund der erwähnten Annahmen zu benennen. Den Voraussetzungen gemäß ist dieser Nachweis nur für jene Mauerhorizonte zu erbringen, in welchen die übliche Spannungsberechnung für ausmittigen Druck, verursacht von sämtlichen äußeren Kräften (ohne Fugenwasserdruck), an der Wasserseite zu vertikalen Randzugspannungen führt oder Druckspannungen ergibt, welche kleiner sind als der zugehörige hydrostatische Druck. Die Untersuchung ist ungünstiger als die übliche Berechnung mit Ausschluß der Zugspannung, da durch die angenommene konstante Querverteilung des stehenden Spaltwassers der gedrückte, wirksame Betonquerschnitt kleiner wird. Das Verfahren ersetzt den klassischen Kipp- und Gleitsicherheitsnachweis. Da der sogenannte LIECKFELDT-Nachweis auch heute noch seine Anhänger hat [47, u. a.] soll er im wesentlichen hier wiedergegeben werden.

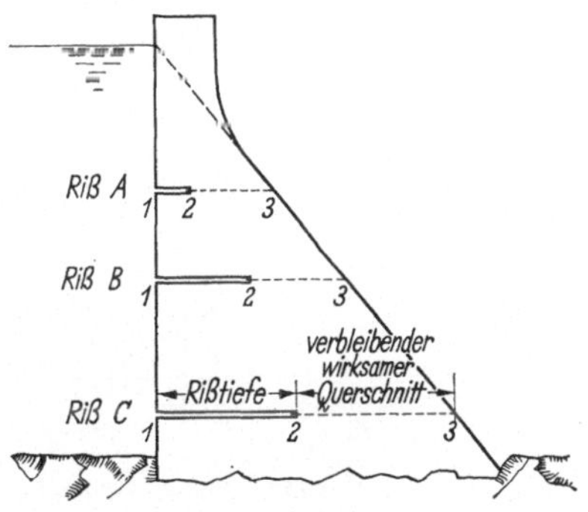

Abb. II/7. Schematische Darstellung des Querschnitts einer Gewichtsstaumauer mit offenen Horizontalrissen

Die den erwähnten Annahmen entsprechenden Verhältnisse in einem Staumauerkörper sind schematisch in Abb. II/7 dargestellt; Abb. II/8 zeigt den zugehörigen Verlauf der Spannungen an den Rändern einer zwischen zwei offenen Horizontalrissen eingeschlossenen Schicht. Beide Abbildungen lassen erkennen, daß sich der ungünstigste Fall dann ergibt, wenn oberhalb der betrachteten offenen Fuge kein weiterer Riß vorhanden ist, welcher den Eintritt von Druckwasser gestattet und die ungünstige Wirkung des Fugenwasserdrucks des darunterliegenden Risses teilweise aufhebt (Abb. II/9). Bei tatsächlich offenen Fugen, wie sie LIECKFELDT annimmt, steht zur Kraftübertragung

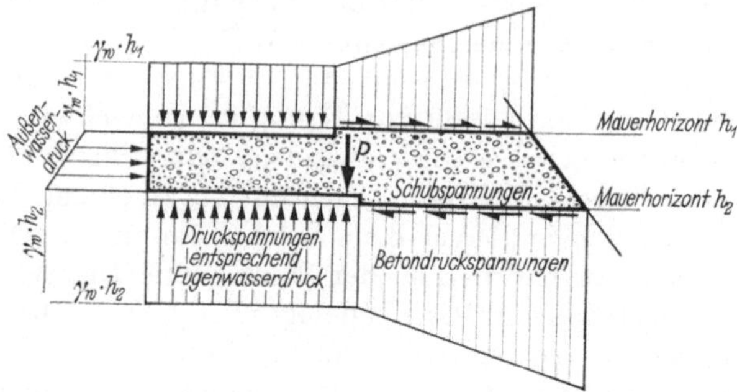

Abb. II/8. Verlauf der Spannungen an den Rändern einer Schicht zwischen zwei Horizontalrissen

im Mauerkörper lediglich die Fugenbreite abzüglich der Rißtiefe (wirksamer Querschnitt) zur Verfügung. An Stelle der üblichen linearen Spannungsverteilung haben wir einen Druckspannungskörper mit

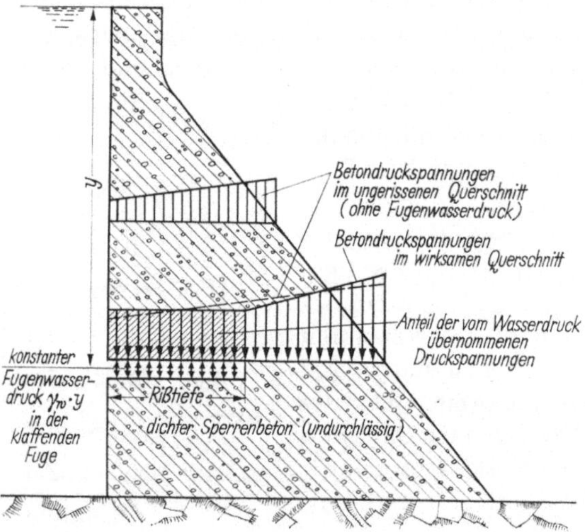

Abb. II/9. Querschnitt einer Gewichtsstaumauer. Verlauf der Normalspannungen in einem offenen Horizontalriß (konstanter Fugenwasserdruck)

einem Knick an der Rißwurzel zu berechnen (Abb. II/10); er setzt sich aus Pressungen infolge des Spaltwasserdrucks und solchen, die vom homogenen, ungerissenen Mauerkörper übertragen werden, zusammen. Der Schwerpunkt dieses Spannungskörpers liegt auf der Wirkungslinie der lotrechten Komponenten der Resultierenden aller Kräfte ohne Spaltwasserdruck (Eigengewicht, Wasserdruck aus dem Stauraum, Trägheitskräfte bei Erdbeben usw.), die oberhalb der Rißfuge angreifen; sein Rauminhalt entspricht der Größe dieser Normalkraft, welche wir mit N bezeichnen wollen. Wie bereits CZERNY [39] zeigte, ist es bei der Erfüllung dieser Gleichgewichtsbedingungen belanglos, wie die Aufteilung der Anteile des Druckspannungskörpers für den Spaltwasserdruck und für die Betondruckspannungen erfolgt. Zur Vereinfachung der Berechnung nehmen wir eine Aufteilung des Spannungskörpers vor, wobei wir den über den ganzen Querschnitt verteilten Fugenwasserdruck mit

$$A^* = \gamma_w \cdot b \cdot d \cdot H \tag{II/1}$$

bezeichnen. Der Rauminhalt des restlichen Druckspannungskörpers entspricht der Differenz der Kräfte $N - A^* = N^*$. Die Berechnung der für die angenommene Spannungsverteilung charakteristischen Größen, insbesondere der Rißtiefe und der maximalen Betonrandspannung, kann in einfacher Weise wie folgt vorgenommen werden:

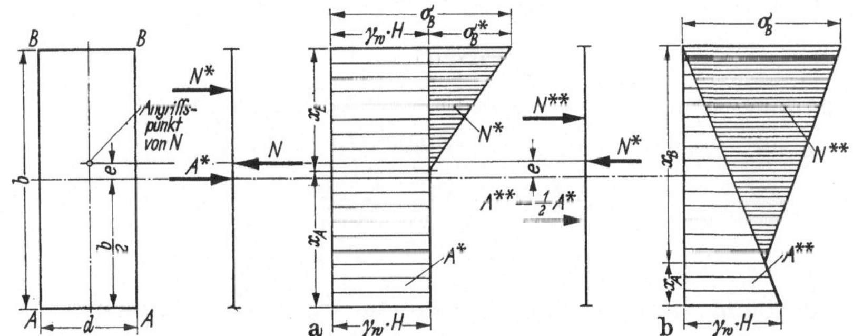

Abb. II/10. Druckspannungskörper im Rechtecksquerschnitt bei konstantem und dreieckförmigem Fugenwasserdruck

Mit den Bezeichnungen der Abb. II/10a lassen sich die Gleichgewichtsbedingungen

$$N = N^* + A^*, \tag{II/2}$$

$$N \cdot e = N^* \left(\frac{b}{2} - \frac{x_B}{3} \right) \tag{II/3}$$

anschreiben. Setzen wir den entsprechenden Wert von N^* aus Gl. (II/2) in Gl. (II/3) ein, erhalten wir

$$N \cdot e = (N - A^*) \left(\frac{b}{2} - \frac{x_B}{3} \right).$$

Führen wir in die Berechnung die praktische Hilfsgröße

$$\delta = \frac{A^*}{N} \tag{II/4}$$

ein, nimmt diese Beziehung folgende Form an:

$$N \cdot e = (N - \delta \cdot N)\left(\frac{b}{2} - \frac{x_B}{3}\right)$$

und nach Kürzung

$$e = (1 - \delta)\left(\frac{b}{2} - \frac{x_B}{3}\right).$$

Daraus ergibt sich für die Breite des wirksamen Querschnittes:

$$x_B = + \frac{3b}{2} - \frac{3e}{1-\delta}. \tag{II/5}$$

Da $x_A + x_B = b$ ist, erhalten wir für die Rißlänge

$$x_A = - \frac{b}{2} + \frac{3e}{1-\delta}. \tag{II/6}$$

Um die Randspannungen an der Luftseite zu berechnen, bestimmen wir zunächst σ_B^*. Wie in Abb. II/10a ersichtlich, ist

$$N^* = \frac{1}{2}\,\sigma_B^* \cdot d \cdot x_B. \tag{II/7}$$

Mit dieser Beziehung ergibt sich aus Gl. (II/2)

$$\sigma_B^* = \frac{2}{d \cdot x_B}\,(N - A^*). \tag{II/8}$$

Führen wir in Gl. (II/8) noch den nach Gl. (II/5) gültigen Ausdruck für x_B ein, so erhalten wir nach einiger Umformung

$$\sigma_B^* = \frac{4(N - A^*)}{3d\left(b - \dfrac{2e}{1 - \dfrac{A^*}{N}}\right)}. \tag{II/9}$$

Für die maximale Betonrandspannung ergeben sich somit folgende Beziehungen:

$$\sigma_B = \gamma_w \cdot H + \sigma_B^* = \frac{2}{d \cdot x_B}\,(N - A^*)$$

$$= \gamma_w \cdot H - \frac{4(N - A^*)}{3d\left(b - \dfrac{2e}{1 - \dfrac{A^*}{N}}\right)} \tag{II/10}$$

$$= \gamma_w \cdot H + \frac{4(N - A^*)^2}{3d\{b(N - A^*) - 2N \cdot e\}}.$$

Um sich gegen die Gefahr des Abscherens und der Zerdrückung des Betons an der Luftseite zu sichern, schlug bereits KAMMÜLLER [16] vor, die Bemessung so vorzunehmen, daß die luftseitige Kantenpressung (vertikale Normalspannung) nicht größer sein soll als der Außendruck an der Wasserseite. Neue Vorschläge [29, 39, 47] gehen dahin, die größte zulässige Rißtiefe auf die Hälfte des Querschnitts und die luftseitige Kantenpressung mit einem Wert zu begrenzen, der den 1,5- bis

2,0fachen Betrag der für unbewehrten Beton zulässigen Druckspannung nicht überschreitet.

Bemerkungen zu dem Verfahren. Die bildliche Vorstellung der klaffenden Fuge und des darin vom stehenden Wasser ausgeübten vollen Wasserdrucks erscheint auf Grund neuerer Erkenntnisse unbefriedigend.

Die Annahme hinsichtlich der Rißtiefe muß als willkürlich betrachtet werden, da der Eintritt von Druckwasser in eine Horizontalfuge nicht an die dort herrschenden Normalspannungen gebunden ist. Genügend große Betondruckspannungen verhindern lediglich ein Öffnen des Risses, aber nicht den Eintritt von Druckwasser. Außerdem treten an der Rißwurzel Kerbspannungen auf, so daß es sehr schwierig ist, eine genaue Aussage über die Rißlänge zu machen.

Die lineare Verteilung der Normalspannungen im wirksamen Betonquerschnitt kann nur als grobe Näherung betrachtet werden, insbesondere bei großen Rißtiefen; sind diese größer als die Hälfte des Gesamtquerschnittes, so wachsen die Kantenpressungen an der Luftseite rasch an. Ein richtiges Bild über die Spannungsverteilung (Normal- und Tangentialspannungen) kann nur mit Berücksichtigung der Formänderungen erhalten werden. Der von LIECKFELDT [53] gemachte Vorschlag zur Berichtigung der Kantenpressungen an der Luftseite, welche für Schnittflächen senkrecht zu dieser zu berechnen sind, erscheint in keiner Weise befriedigend.

Die Gefahr des Abscherens im wirksamen Querschnitt wird nicht untersucht. Da die Sicherheit gegen Abscheren in der vollwirksamen geschlossenen Fuge schon nicht groß ist, wird sie bei teilweiser geöffneter Fuge in gefährlicher Weise herabgesetzt. Über die Verteilung der Tangentialspannungen im wirksamen Querschnitt läßt sich keine auch nur angenäherte Aussage machen.

Auf Grund der zu ungünstigen Annahmen und der aufgezeigten Mängel dieses Verfahrens sollte bei der Bemessung von Gewichtsstaumauern davon Abstand genommen werden.

β) **Standsicherheitsnachweis mit Berücksichtigung eines dreieckförmigen Fugenwasserdrucks (Sickerströmung in Horizontalfugen).** Das Bild einer in zahlreichen horizontalen Schichten (Fugen) durchlässigen Staumauer (Abb. II/11) ist ohne Zweifel zutreffender als jenes mit stehendem Spaltwasser in offenen Fugen. Beobachtungen an ausgeführten Sperrenwerken haben gezeigt, daß Druckwasser vorwiegend in schlecht behandelte Arbeitsfugen eintritt und bis zur Luftseite durchsickern kann. Der ungünstigste Fall im Hinblick auf die Gefahr des Öffnens einer Fuge, welche als sehr dünne poröse Schicht aufgefaßt werden kann, ist dann gegeben, wenn über der betrachteten Fuge keine weiteren durchlässigen Fugen liegen.

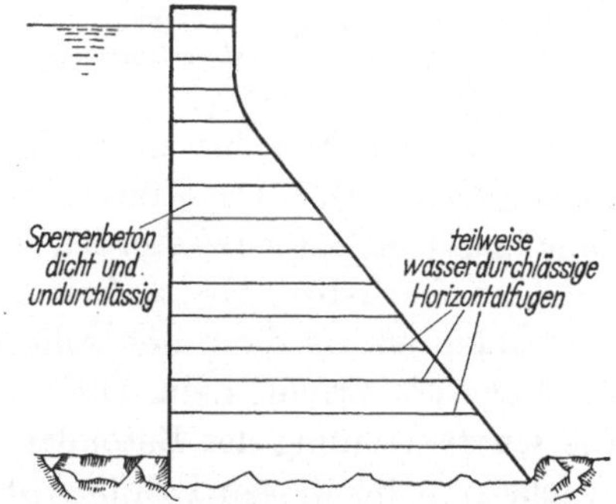

Abb. II/11. Schematische Darstellung des Querschnitts einer Gewichtsstaumauer mit wasserdurchlässigen Horizontalfugen (porösen Schichten)

Die Grundzüge zu einem Standsicherheitsnachweis wurden von LINK [54] festgelegt, wobei von dem bereits im Jahre 1895 von M. LEVY [52] gemachten Vorschlag, an der Wasserseite keine Druckspannungen zuzulassen, die kleiner als der Außenwasserdruck sind, abgegangen wird. LINK empfiehlt, ähnlich wie KAMMÜLLER für das LIECKFELDTsche Verfahren, an der Luftseite nur Druckspannungen in Höhe des Außenwasserdrucks $\gamma_w \cdot H$ zuzulassen. In Anpassung dieses Verfahrens an die Ergebnisse neuerer Untersuchungen lassen sich die Voraussetzungen zu seiner Anwendung wie folgt zusammenfassen:

Der Sperrenbeton ist in seiner Gesamtheit wasserundurchlässig. Der Mauerkörper ist jedoch von durchlässigen Horizontalfugen (tatsäch-

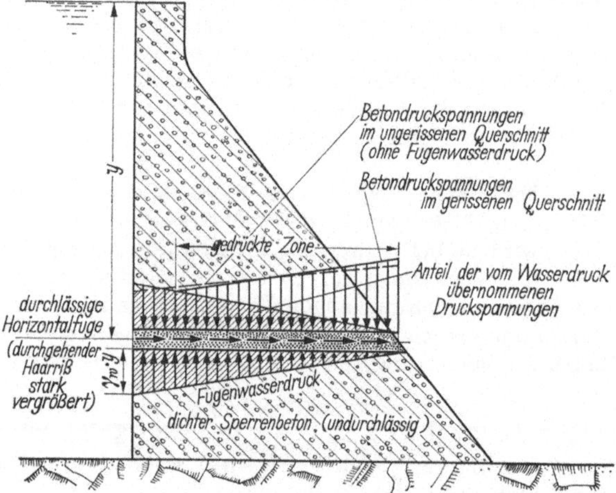

Abb. II/12. Querschnitt einer Gewichtsstaumauer. Verlauf der Normalspannungen in einer teilweise wasserdurchlässigen Horizontalfuge (dreieckförmiger Fugenwasserdruck)

lichen oder fiktiven, bis an die Luftseite durchgehenden Rissen) durchzogen (Abb. II/11). Der Eintritt von Druckwasser in diese Fugen ist unabhängig vom Außenwasserdruck. Der ungünstigste Fall ist jener, bei welchem oberhalb der betrachteten Fuge keine weitere durchlässige Fuge vorhanden ist, da dann der volle Wasserdruck, welcher der Höhenlage der Fuge entspricht, beim Offenhalten der Fuge zum Einsatz kommt. Die Querverteilung der Betondruckspannungen und des Fugenwasserdrucks sind für diesen Fall in Abb. II/12 schematisch dargestellt.

Die Querverteilung des Fugenwasserdrucks wird entsprechend einem linearen Druckgefälle dreieckförmig angenommen.

Der Fugenwasserdruck an der Wasserseite wird nicht in Höhe des Außenwasserdrucks $\gamma_w \cdot H$, sondern mit einem reduzierten Wert $\lambda \cdot \gamma_w \cdot H$ in die Berechnung eingeführt. Die Bedeutung des Abminderungsbeiwertes λ wird durch das in Abschn. II/B 1d Gesagte verständlich. Danach sollte man bei der Bemessung der Sperre so vorgehen, daß deren einwandfreies Verhalten für Werte von $\lambda = 0{,}85$ gesichert erscheint. Kleinere Werte, welche selbstverständlich eine Materialeinsparung mit sich bringen, scheinen ohne Risiko für die Sicherheit des Bauwerkes nicht gerechtfertigt; die erzielbaren Vorteile sind nicht wert, die Sicherheit des Bauwerks aufs Spiel zu setzen. Bei der Berücksichtigung von Ausnahmelastfällen (Katastrophensicherheitsnachweis), wo es zu einer Lockerung im Mauerverband kommen kann (z. B. Erdbeben), erscheint es angebracht, für λ den vorsichtigen Wert 1,0 anzunehmen.

Die Berechnung der Breite der gedrückten Zone in der Fuge und der Normalspannung an der Luftseite erfolgt in der für Druck mit einachsiger Biegung üblichen Art und Weise. Die wichtige Frage der zulässigen Grenzwerte dieser beiden für das Verfahren charakteristischen Größen wird in Abschn. II/B 2 behandelt.

Rein formal kann die Berechnung in ähnlicher Weise wie für den LIECKFELDT Nachweis durchgeführt werden. In Abb. II/10b sind die Bezeichnungen für den Querschnitt und den Druckspannungskörper eingetragen. Der gesamte über den ganzen Querschnitt verteilte Fugenwasserdruck sei mit A^{**}, der Rauminhalt des restlichen Druckspannungskörpers mit N^{**} bezeichnet; ferner wollen wir $\lambda = 1{,}0$ annehmen. Aus einem Vergleich mit Abb. II/10a erkennen wir, daß

$$A^{**} = \frac{1}{2} A^* \qquad\qquad (\text{II}/11)$$

ist. Die Gleichgewichtsbedingungen lauten somit:

$$N = N^{**} + A^{**} = N^{**} + \frac{1}{2} A^*, \qquad\qquad (\text{II}/12)$$

$$N \cdot e = N^{**}\left(\frac{b}{2} - \frac{x_B}{3}\right) - \frac{1}{2} A^* \cdot \frac{b}{6}. \qquad\qquad (\text{II}/13)$$

Führen wir den Ausdruck für N^{**} aus Gl. (II/12) in Gl. (II/13) ein, läßt sich diese wie folgt anschreiben:

$$N \cdot e = \left(N - \frac{1}{2} A^*\right)\left(\frac{b}{2} - \frac{x_B}{3}\right) - \frac{1}{2} A^* \cdot \frac{b}{6}.$$

Verwenden wir neuerlich laut Gl. (II/4) die Hilfsgröße $\delta = \dfrac{A^*}{N}$, erhalten wir:

$$e = \left(1 - \frac{1}{2}\delta\right)\left(\frac{b}{2} - \frac{x_B}{3}\right) - \frac{1}{2}\frac{b}{6} \cdot \delta,$$

woraus sich für die Breite der gedrückten Zone x_B folgender Ausdruck ergibt:

$$x_B = \frac{b(3 - 2\delta) - 6e}{2 - \delta} \qquad\qquad (\text{II}/14)$$

4*

und schließlich, da $x_A + x_B = b$ ist,

$$x_A = \frac{-b(1-\delta) + 6e}{2-\delta}. \qquad (II/15)$$

Ferner ist, wie in Abb. II/10b ersichtlich,

$$N^{**} = N - \frac{1}{2} A^{**} = \frac{1}{2} \sigma_B \cdot x_B \cdot d. \qquad (II/16)$$

Somit erhalten wir für die maximale Normalspannung an der Luftseite der Fugen den Ausdruck

$$\sigma_B = \frac{1}{x_B \cdot d} (2N - A^*). \qquad (II/17)$$

Die Ergebnisse dieses Verfahrens Gln. (II/14) und (II/17) lassen sich ohne weiteres auch für einen abgeminderten Fugenwasserdruck verwenden; es ist lediglich $A^* = A^*_{\lambda=1,0}$ nach Gl. (II/1) durch

$$A^*_\lambda = \lambda \cdot \gamma_w \cdot b \cdot d \cdot H$$

zu ersetzen.

Bemerkungen zu dem Verfahren. Auch dieses Verfahren beruhend auf der Voraussetzung einer ungünstigen porösen Fuge in der Staumauer stellt natürlich nur einen Versuch dar, das schwierige Problem des Auftriebs so zu erfassen, daß für das Bauwerk volle Sicherheit gegeben ist. Die theoretischen Voraussetzungen hierzu sind befriedigender als die des Verfahrens nach Abschn. II/B 1 cα.

Im Sinne des Vorhergesagten ist es angezeigt, für den Abminderungskoeffizient des dreieckförmig verteilten Fugenwasserdrucks einen vorsichtigen Wert anzunehmen.

Die lineare Verteilung der Normalspannungen in der bis an die Luftseite durchgehenden Fuge kann als brauchbare Näherung angesehen werden.

Der Gleitsicherheitsnachweis in der Fuge kann in ähnlicher Art wie für die Sohlfuge erbracht werden.

Anwendungsbeispiel. Dreieckförmiges Mauerprofil ohne Kronenaufsatz bei Normalbelastung „volles Becken" ($H = h$).

Höhe der Mauer	h	$= 100,0$ m
Breite der Mauer	b	$= 79,0$ m
Einheitsgewicht des Betons	$\gamma_b =$	$2,40$ t/m³
Einheitsgewicht des Wassers	$\gamma_w =$	$1,00$ t/m³
Verhältnis Breite zu Höhe	$m = \dfrac{b}{h} =$	$0,79.$

Die auf die Mitte des Querschnitts bezogene Exzentrizität läßt sich aus nachstehender Beziehung berechnen:

$$e = \frac{1}{2} m \cdot H - \frac{H}{3} \left(2m - \frac{\gamma_w}{\gamma_b} \frac{1}{m} \right). \qquad (II/18)$$

Führen wir die Zahlenwerte ein, erhalten wir

$$e = 0,045 \cdot H = 4,50 \text{ m}.$$

Für den Hilfswert δ ergibt sich folgender einfacher Ausdruck:

$$\delta = \frac{A^*}{N} = \frac{\gamma_w \cdot h \cdot b \cdot d}{\frac{1}{2}\gamma_b \cdot h \cdot b \cdot d} = \frac{2\gamma_w}{\gamma_b} = 0{,}833\,.$$

a) Berechnung mit konstantem Fugenwasserdruck:
Breite des wirksamen Querschnitts nach Gl. (II/5):

$$x_B = 0{,}474 \cdot b = 37{,}40\,\text{m},$$

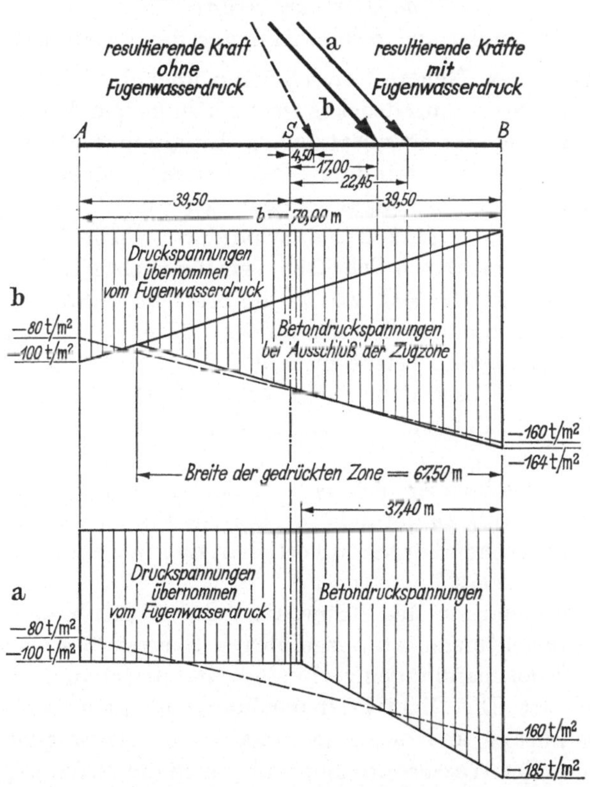

Abb. II/13a u. b. Zahlenbeispiel: Spannungskörper bei einachsiger Biegung
a) bei konstantem Fugenwasserdruck; b) bei dreieckförmigem Fugenwasserdruck

Betonrandspannung an der Luftseite nach Gl. (II/10):

$$\sigma_B = \gamma_w \cdot H + \frac{4}{3} \cdot \frac{16{,}0}{24{,}5} \cdot H = 1{,}85 \cdot H = -185\,\text{t/m}^2\,.$$

b) Berechnung mit dreieckförmigem Fugenwasserdruck $\lambda = 1{,}0$:
Breite der gedrückten Zone nach Gl. (II/14):

$$x_B = 0{,}855 \cdot b = 67{,}50\,\text{m},$$

Betonrandspannung an der Luftseite nach Gl. (II/17):

$$\sigma_B = \frac{111,0}{67,50 \cdot 1,0} \cdot H = 1,64 \cdot H = -164\,\text{t/m}^2.$$

In Abb. II/13 sind die Ergebnisse dieser Vergleichsrechnung dargestellt; es sei bemerkt, daß bei geringer Zunahme der Ausmitten die Unterschiede in den Kantenpressungen rasch anwachsen und wesentlich größer werden als in dem berechneten Beispiel.

d) Porenwasserdruck
(Sickerströmung und Kraftwirkungen des Porenwassers)

α) **Allgemeines.** Neuere Vorstellungen über die Wirkung des Auftriebs und des Strömungsdruckes im Sperrenkörper beruhen, wie bereits erwähnt, auf der grundsätzlichen Annahme der Durchlässigkeit des Mauerkörpers und der damit verbundenen Sickerströmung. Sie gehen zurück auf die Ergebnisse einiger experimenteller Untersuchungen, ausgeführt zu Beginn des Jahrhunderts, insbesondere aber auf grundlegende, in mehreren Schriften veröffentlichte Erkenntnisse von FILLUNGER [41, 42, 43, 44], wovon die erste im Jahre 1913 erschien. Später kamen auch andere Forscher, teils auf verschiedenen Wegen, zu ähnlichen Ergebnissen, welche in zahlreichen Schriften ihren Niederschlag fanden (KAMMÜLLER [16], TÖLKE [73], TERZAGHI [71, 72], LELIAVSKY [22]). Folgendes ist für diese neueren Theorien kennzeichnend:

Der Beton des Sperrenkörpers ist in seiner Gesamtheit als homogener poröser Baustoff zu betrachten. Der Gesamtwasserdruck ist daher auf den ganzen Sperrenkörper zu verteilen, und nur ein Bruchteil davon wirkt an der Wasserseite.

Die Durchsickerung des Stauwassers durch den Mauerkörper läßt sich, wie Beobachtungen an ausgeführten Sperren bestätigen, keineswegs durch Druckspannungen verhindern und findet auch ohne vorhandene Risse statt. Die Dichtigkeit der Mauer hängt hauptsächlich von der Bauausführung und den Eigenschaften des verwendeten Betons, namentlich an der Wasserseite und im Bereich der Gründungssohle, ab.

Der Auftrieb wirkt in Richtung des größten Druckgefälles; infolge der Neigung der Niveaulinien der Sickerströmung (Linien gleichen Druckes), welche annähernd parallel zur Luftseite verlaufen, ist er schräg nach oben zur Luftseite hin gerichtet.

Ähnlich wie bei den älteren Theorien findet auch bei den neueren ein Abminderungsbeiwert für den Auftrieb Verwendung, dessen Zweck ebenfalls die Reduktion des berechneten Strömungsdruckes ist. Seine physikalische Bedeutung ist allerdings wesentlich klarer als bei den älteren Verfahren trotz der heute noch bestehenden Meinungsverschiedenheiten über seine wertmäßige Größe.

β) **Grundgleichungen der Sickerströmung.** Wie experimentelle Untersuchungen gezeigt haben, ist jeder Beton, unabhängig von Strukturunterschieden, als mehr oder weniger porig zu betrachten. Es kann angenommen werden, daß diese Poren miteinander in Verbindung stehen, so daß sich im allgemeinen im Mauerkörper eine Sickerströmung — ähnlich wie bei der Grundwasserbewegung in kohäsionslosem Sand — einstellt. Die Gültigkeit des DARCYschen Gesetzes für Sperrenbeton konnte ebenfalls experimentell nachgewiesen werden. Andererseits bestätigten Versuche auch die Eigenschaft der Selbstdichtung des durchströmten Betons im Laufe der Zeit.

Die Ausgangsgleichungen zur Beschreibung des Strömungsbildes können daher von der Grundwasserbewegung übernommen werden. Für den allgemeinen Fall des dreiachsigen Strömungszustandes, welcher erlaubt, die Einflüsse von Prüfschächten, Zugangs- und Überwachungsstollen, Fugenspalten u. dgl. auf das Strömungsbild zu erfassen, lauten die Differentialgleichungen wie folgt:

$$v = -k \cdot \operatorname{grad}\left(\frac{p}{\gamma} + z\right) \qquad \text{(Sickergeschwindigkeit)}, \qquad \text{(II/19)}$$

$$v_x = -\frac{k}{\gamma_w} \cdot \frac{\partial p}{\partial x} = \frac{\partial \Phi}{\partial x} \qquad \text{(II/20a)}$$

(Komponente der Sickergeschwindigkeit in Richtung x),

$$v_y = -\frac{k}{\gamma_w} \cdot \frac{\partial p}{\partial y} = \frac{\partial \Phi}{\partial y} \qquad \text{(II/20b)}$$

(Komponente der Sickergeschwindigkeit in Richtung y),

$$v_z = -\frac{k}{\gamma_w} \cdot \frac{\partial p}{\partial z} = \frac{\partial \Phi}{\partial z} \qquad \text{(II/20c)}$$

(Komponente der Sickergeschwindigkeit in Richtung z),

$$\frac{\partial v_x}{\partial x} + \frac{\partial v_y}{\partial y} + \frac{\partial v_z}{\partial z}$$
$$= \frac{\partial^2 \Phi}{\partial x^2} + \frac{\partial^2 \Phi}{\partial y^2} + \frac{\partial^2 \Phi}{\partial z^2} = \nabla^2 \Phi = 0 \qquad \text{(II/21)}$$

(Kontinuitäts- oder Potentialgleichung),

worin

$$\frac{p}{\gamma_w} + z \qquad \text{Standrohrspiegelhöhe},$$

$$\Phi = -k\left(z + \frac{p}{\gamma_w}\right).$$

Jede die Gl. (II/21) befriedigende Lösung $\Phi(x, y, z)$ heißt Geschwindigkeitspotential. Das Strömungsbild ist bestimmt, wenn es gelingt, jene stetig differenzierbare Funktion $\Phi(x, y, z)$ zu finden, welche diese Gleichung unter Einhaltung der Randbedingungen erfüllt. Es handelt sich daher jeweils um die Lösung einer Randwertaufgabe, deren mathematische Schwierigkeiten meist mit den Randbedingungen auftauchen, die oft die Auffindung einer analytischen Lösung unmöglich machen. In der Praxis werden daher häufig diskontinuierliche Rechenmethoden (z. B. Relaxationsverfahren), graphische oder experimentelle Verfahren, beruhend auf den Potentialeigenschaften der Sickergeschwindigkeit, benützt [8, 20, 24, 35]. Für einfache Fälle, insbesondere bei ebenen Problemen, läßt sich die strenge Lösung meist auch analytisch angeben. In Abb. II/14 sind zwei typische Strömungsbilder für Gewichtsstaumauern dargestellt.

Aus den in diesem Abschnitt eingangs erwähnten Gründen ist es nach Meinung des Verfassers nicht angezeigt, das Strömungsbild auch auf den Gründungsfels auszudehnen, da die Genauigkeit der Unter-

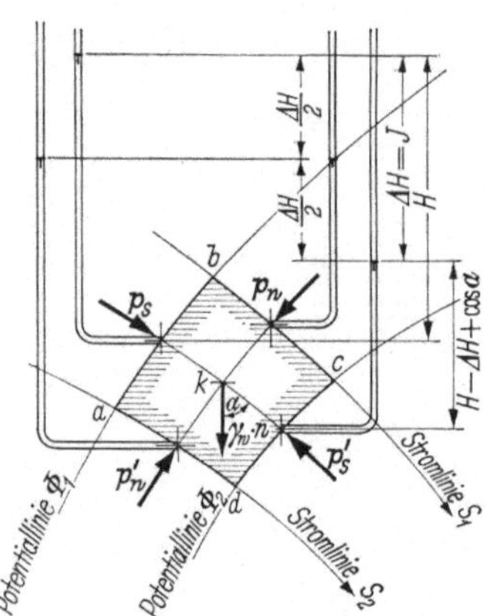

Abb. II/14a u. b. Strömungsbilder für Gewichtsstaumauern [71]. a) Mauerkörper und Untergrund durchlässig; b) Mauerkörper durchlässig, Untergrund undurchlässig

Abb. II/15

suchung dadurch nicht größer wird. Man sollte sich damit begnügen, entlang der Sohlfuge Randbedingungen vorzuschreiben, die einer mutmaßlichen, geschätzten Sohlwasserdruckverteilung, unter Berücksichtigung der geologischen Baugrundbeschaffenheit, entsprechen.

γ) Kraftwirkungen des Porenwassers. Sind die Randbedingungen für die Sickerströmung einmal festgelegt, so kann bei der Untersuchung einer Staumauer das Strömungsbild gefunden werden. Im folgenden

wollen wir uns mit den Kraftwirkungen einer ebenen stationären Sickerströmung befassen. Da diese Kraftwirkungen viel inniger mit dem gegebenen Orthogonalnetz der Strom- und Potentiallinien zusammen-
hängen als mit einem willkürlich nach der äußeren Begrenzung gewählten Koordinatensystem, wollen wir ein zwischen zwei Potentiallinien und zwei Stromlinien eingeschlossenes Element des durchströmten Betons betrachten (Abb. II/15). Infolge der Druckunterschiede an
den Wandungen stellen seine Oberflächen nach TERZAGHI physikalisch
mögliche Bruchflächen dar, d. h. Flächen, in welchen die wirksame
Flächenporosität am größten ist. Auf Grund eingehender experimenteller Untersuchungen kann angenommen werden, daß zwischen der Flächenporosität und dem Porenvolumen des Betons (Rauminhalt der
Poren der Festmasse zum gesamten Rauminhalt) kein Zusammenhang
besteht [22, 72]. Die wirksame Flächenporosität ist demnach eine un-
abhängige Materialkonstante, deren Wert nur im Versuchswege zu
bestimmen ist. Der Wasserdruck auf die Seitenflächen des quadratähn-
lichen Elementes mit den Seitenlängen Eins ist durch die Höhen
in den (fiktiven) Standrohren gegeben. Bei der Untersuchung der Beanspruchungen, welche die Festsubstanz durch das Wasser in diesen
Bruchschnitten erfährt, betrachten wir zunächst die auf den Wasser-
inhalt einwirkenden Kräfte nach Abb. II/15:

Druckunterschied in Richtung der Strömung (Richtung
des Potentialgefälles, Richtung des abnehmenden Strö-
mungsgefälles) $p_s - p_s'$ (II/22)

Druckunterschied normal zur Strömung (in Richtung
der Tangente an die Potentiallinie durch den Schwerpunkt
des Elementes) $p_n - p_n'$ (II/23)

Eigengewicht des Porenwassers im Schwerpunkt der
Fläche $a\,b\,c\,d$ wirkend $\gamma_w \cdot n.$ (II/24)

Die Druckunterschiede in und normal zur Strömungsrichtung können wie folgt berechnet werden:

Porenwasserdruck auf
Fläche $a\,b$:
$$p_s = H \cdot \gamma_w \cdot n_w,$$

$$p_s' = (H - \Delta H + 1 \cdot \cos \alpha)\, \gamma_w n_w$$

Porenwasserdruck auf
$$= (H - J + \cos \alpha)\, \gamma_w \cdot n_w$$
Fläche $c\,d$:
$$\left(\text{da } J = \frac{\Delta H}{1} = \Delta H\right),$$

worin bedeuten

γ_w Einheitsgewicht des Wassers,

ΔH Reibungsverluste in den Poren,

n Raumporosität des Betons (Porenvolumen),

n_w wirksame Flächenporosität (jener Anteil der Fläche, welcher dem Strömungsdruck ausgesetzt ist),

$J = \dfrac{dh}{ds}$ hydraulisches Gradient, Strömungsgefälle,

α Winkel zwischen Fließrichtung und der Vertikalen.

Die resultierende Kraft in Fließrichtung (Komponente des Auftriebs) ist somit

$$a_s = p_s - p_s' = (J - \cos\alpha) \cdot \gamma_w \cdot n_w\,. \tag{II/25}$$

In ähnlicher Weise erhalten wir für die Komponente des Auftriebs normal zur Fließrichtung (Tangente an die Potentiallinie durch den Schwerpunkt der Elemente):

$$a_n = p_n - p_n' = -\gamma_w \cdot n_w \cdot \sin\alpha\,. \tag{II/26}$$

Mit den Kräften nach Gln. (II/24), (II/25) und (II/26) kann die auf die Raumeinheit des durchströmten Betons wirkende Resultierende bestimmt werden, die wir

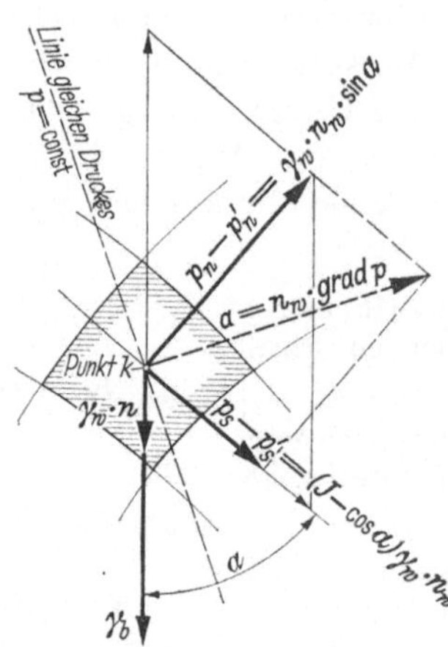

Abb. II/16. Kräfteverteilung im Punkte k des durchströmten Betonkörpers (unmaßstäbliche Vektorskizze)

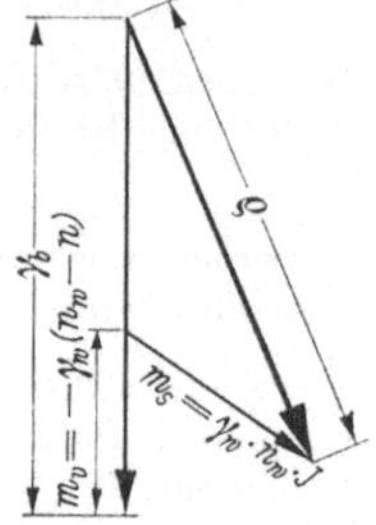

Abb. II/17. Kräfteplan für den Massenpunkt k

aus praktischen Gründen in zwei Komponenten, in vertikaler Richtung und in Fließrichtung, aufteilen wollen. In Abb. II/16 sind die Kräfteverhältnisse und in Abb. II/17 der Kräfteplan für einen beliebigen Massenpunkt (k) im Strömungsfeld unter Berücksichtigung des Eigengewichtes des Porenwassers und des Betons, dargestellt. Wir erhalten:

in vertikaler Richtung:

$$m_v = -(n_w \cdot \gamma_w - n \cdot \gamma_w) = -\gamma_w (n_w - n)\,, \tag{II/27}$$

in Fließrichtung:

$$m_s = \gamma_w \cdot n_w \cdot J\,. \tag{II/28}$$

Da wir bei unserer Untersuchung einen stationären Zustand voraussetzen (d. h. $\frac{dv}{dt} =$ Null oder vernachlässigbar klein), muß die Summe aller Kräfte, die auf die Wassermasse einwirken, Null sein. Somit sind die von der Flüssigkeit auf die Porenwandungen ausgeübten Drücke diesen Kräften gegengleich. Die auf die Raumeinheit wirkenden Kräfte m_v und m_s können als Massenkräfte, besser als Pseudomassenkräfte, bezeichnet werden, da die Strömungskräfte des Porenwassers a_n und a_s ihrem Wesen nach keine echten Volumskräfte sind, sondern als Außenkräfte (Bezeichnung nach TERZAGHI: Oberflächenkräfte) aufzufassen sind, die auf die innere Oberfläche des porösen Materials einwirken.

Mit den Gln. (II/24), (II/25) und (II/26) sind die Grundzüge eines Verfahrens zur Bestimmung von Richtung und Größe der von der Sickerströmung in festigkeitstechnisch möglichen Bruchschnitten der Staumauer ausgeübten Kräfte, unter Verwendung des Orthogonalnetzes der Strom- und Potentiallinien, festgelegt. Bei der üblichen statischen Berechnung werden die Schnittflächen meist horizontal angenommen. Die Integration ist in vertikaler und in Richtung der Stromlinien vorzunehmen. Nötig hierzu ist lediglich die Kenntnis von n und n_w. Es hat den Vorteil, daß man nur mit einer in Strömungsrichtung veränderlichen Kraft zu operieren braucht. Die Durchführung der Berechnung erfolgt am besten auf graphischem Wege [22, 71]. Grundsätzlich ist es auch möglich, mit der Kurvenschar der Linien gleichen Druckes zu arbeiten. Doch dürfte ein solches Verfahren für die Fälle der Praxis weniger geeignet sein.

Wesentlich für die Durchführung der Berechnung sind die Werte der Raumporosität n und der wirksamen Flächenporosität n_w. Während die Bestimmung der Raumporosität keine Schwierigkeiten bereitet, ist die der Flächenporosität wesentlich schwieriger. Hinsichtlich der Wahl der für die Praxis zu empfehlenden Werte beider Koeffizienten bestehen auch heute noch Meinungsverschiedenheiten. Verschiedentlich wurde versucht, ihre Größe auf Grund fiktiver Strukturbilder des Betons, sonstiger vereinfachender Annahmen oder von Versuchen her, zu bestimmen. Versuche von TERZAGHI [72] und in neuerer Zeit von LELIAVSKY [22] lassen erkennen, daß nach älteren Annahmen die Flächenporosität viel zu niedrig eingeschätzt wurde. Die Ergebnisse der Untersuchungen von LELIAVSKY lassen sich wie folgt zusammenfassen:

Die bei der Durchströmung eines porösen, gedrückten Probekörpers im Beton auftretenden Auftriebskräfte sind in der Lage, den Bruch desselben durch Überschreitung der Zugfestigkeit des Betons zu verursachen. Die Größe der Auftriebskräfte läßt sich experimentell bestimmen.

Auf Grund zahlreicher Testserien kann für Staumauerbeton normaler Zusammensetzung ein Durchschnittswert für die wirksame Flächenporosität in der Größe von $n_w = 0,91$ (Genauigkeit $\pm 0,014$) angegeben werden.

Der mutmaßliche Einfluß gewisser physikalischer Eigenschaften der Zuschlagstoffe und der verwendeten Bindemittel auf die Größe von n_w ist gering und liegt in der Größenordnung der Meßgenauigkeit bei der Versuchsdurchführung (etwa 0,040). Für praktische Zwecke kann die wirksame Flächenporosität konstant und mit dem oben angegebenen Wert angenommen werden. Sie ist daher wesentlich größer als die Raumporosität n des Versuchsmaterials.

(*Anmerkung*: TERZAGHI schlug seinerzeit für n_w den verläßlichen Näherungswert 1,0 vor. FILLUNGER schätzte ihn wesentlich geringer ein.)

Zwischen den Koeffizienten n_w und der Durchlässigkeitsziffer k nach DARCY scheint keine Beziehung zu bestehen. Die Durchlässigkeitsziffer selbst schwankt in weiten Grenzen und kann versuchsmäßig bestimmt werden.

Der Koeffizient n_w ist ferner von den Spannungen im Beton und einigen anderen Faktoren, die ihn augenscheinlich beeinflussen sollten (Wasserzementfaktor, Temperatur, Geschwindigkeit und Reihenfolge der Lastaufbringung), unabhängig.

Die Raumporosität des Betons, welche in den Beziehungen für die Kraftwirkungen des Porenwassers vorkommt, sollte nicht mit ihrem Absolutwert, d. h. bezogen auf das vollkommen trockene Material eingeführt werden. Nach HELLSTRÖM [46] kann das im Beton enthaltene Wasser in drei Kategorien eingeteilt werden:

Chemisch gebundenes Wasser, welches auch durch einen Trockenvorgang nicht zu entfernen ist. Seine Gewichtsbestimmung kann nur mit Hilfe spezieller Untersuchungen festgestellt werden (z. B. Zerstäubung des Materials usw.).

Halb gebundenes Wasser, welches sich in den Kapillaren und Gels befindet.

Freies Wasser, welches im gesättigten Zustand des Materials die Poren füllt, aber rasch verdunstet, wenn die relative Luftfeuchtigkeit von 100% abgemindert wird.

Es kann daher angenommen werden, daß im Sperrenbeton im natürlichen Zustand ein Teil des Porenvolumens mit Wasser gefüllt und somit das Anwachsen des Raumgewichtes durch eingedrungenes Porenwasser geringer ist als man erwarten könnte. Tatsächlich kann der Beton bei normaler Sättigung nur Wasser aufnehmen oder abgeben, entsprechend den Wert einer durchschnittlichen Raumporosität von 0,07. Im trockenen Zustand beträgt diese etwa 0,26.

Für den Auftriebskoeffizienten in vertikaler Richtung ergibt sich daher der Wert $(n_w - n) = 0,91 - 0,07 = 0,84$. LELIAVSKY empfiehlt für die Praxis den Wert 0,85.

In diesem Zusammenhang sei auch noch auf den bereits von TER-
ZAGHI erkannten Einfluß der Verdunstung und der kapillaren Saugwir-
kung auf die Sickerströmung im Sperrenbeton hingewiesen. Die Ver-
dunstungsoberfläche liegt bei fugenlos sachgemäß hergestellten Beton-
staumauern mit geringer Durchlässigkeit meist in einiger Entfernung
von der Luftseite im Inneren der Mauer (Abb. II/18). Eine trockene
Luftseite ist daher kein Zeichen dafür, daß keine Sickerströmung vorhanden ist.

Die Anwendung des geschilderten Verfahrens auf den einfachen Fall
einer nur waagrechten Sickerströmung im Dreieckprofil, auf vollkommen undurchlässigen Untergrund, ist sehr anschaulich und ergibt
einen guten Überblick. In Abb. II/19 ist das entsprechende Strömungsbild dargestellt, wobei wir den Durchlässigkeitsgrad des Betons

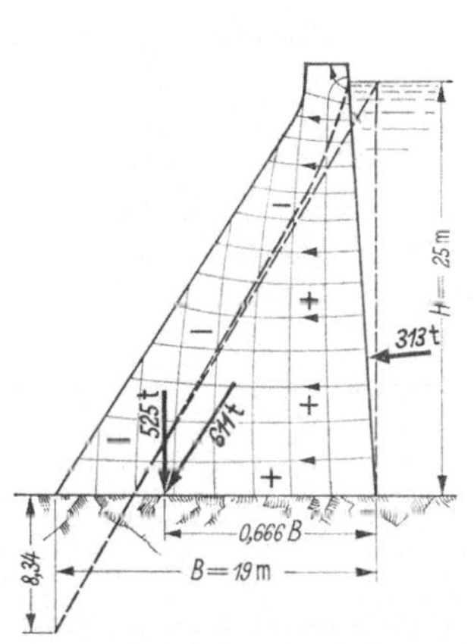

Abb. II/18. Strömungsbild für eine Gewichtsstaumauer unter Berücksichtigung der Verdunstung
an der Luftseite des Mauerkörpers; Untergrund
undurchlässig [71]

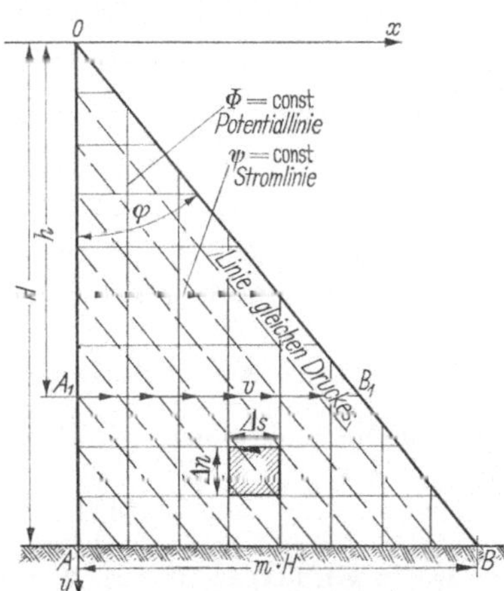

Abb. II/19. Dreieckförmiger Mauerquerschnitt
— waagrechte Sickerströmung

überall gleich annehmen. Die Bauwerksohle AB stellt somit eine Stromlinie, die Wasserseite OA eine Potentiallinie (Linie gleichen Standrohrspiegels) und die Luftseite OB eine Fläche unbehinderten Wasseraus-
tritts dar. Der Abstand zwischen zwei Punkten einer Stromlinie, deren
Spiegel den Höhenunterschied Δh aufweisen, sei mit Δs bezeichnet, die
Dicke der Mauerscheibe (Abstand zweier lotrechter Schnittebenen) sei
Eins. Das Strömungsgefälle ist durch nachfolgenden Ausdruck

$$J = \lim_{\Delta \to 0} \frac{\Delta h}{\Delta s} = \frac{dh}{ds} \tag{II/29}$$

bestimmt. Die Filtergeschwindigkeit v ist nach dem DARCYSchen Gesetz

$$v = k \cdot J = k \cdot \frac{dh}{ds} = \frac{\partial (kh)}{\partial s} = \frac{\partial \Phi}{\partial s} \tag{II/30}$$

gegeben, und das Geschwindigkeitspotential $\Phi = k \cdot h$, wenn h die Höhe des Standrohrspiegels ist. Der Durchfluß durch einen Stromkanal beträgt

$$dq = v \cdot df = k \cdot \frac{dh}{ds} \cdot dn \cdot 1 = k \cdot dh \cdot \frac{dn}{ds}. \qquad (II/31)$$

Strom- und Potentialflächen bilden ein orthogonales Netz. Zeichnet man, wie es FORCHHEIMER getan hat, diese beiden Linienscharen so, daß zwischen zwei Stromflächen die gleiche Wassermenge dq fließt und zwischen zwei Potentiallinien der Druckunterschied jeweils dh ist, so ergibt sich aus der Beziehung

$$dq = \text{const} = \text{const}\,\frac{dn}{ds}, \qquad (II/32)$$

daß das Seitenverhältnis der Rechtecke des Strömungsfeldes unverändert bleibt. Durch die Wahl entsprechender Werte von dq und dh kann man erreichen, daß das Rechtecknetz in ein Quadratnetz übergeht und das Seitenverhältnis $\frac{ds}{dn} = 1$ wird.

Das Strömungsbild in Abb. II/19 ist durch ein derartiges Quadratnetz wiedergegeben. Für eine beliebige Sickerlinie $A_1 B_1$ im Inneren des Mauerkörpers beträgt der Druck an der Wasserseite $\gamma_w \cdot h$, und an der Luftseite ist er Null. Das Strömungsgefälle errechnet sich somit zu

$$J = \frac{h}{m \cdot h} = \frac{1}{m} = \cot \varphi, \qquad (II/33)$$

und für die Sickergeschwindigkeit ergibt sich

$$v(x, y) = \frac{k}{m} = k \cdot \cot \varphi. \qquad (II/34)$$

Da in Gl. (II/34) die Koordinaten x und y nicht aufscheinen, heißt das, daß die Sickergeschwindigkeit nicht nur entlang einer Stromlinie, sondern an jeder Stelle der Mauer die gleiche ist. Für den Porenwasserdruck an irgendeiner Stelle der Mauer läßt sich folgende Beziehung anschreiben:

$$p(x, y) = \gamma_w \left(h - \frac{x}{m} \right). \qquad (II/35)$$

Durch die Gln. (II/34) und (II/35) ist die Geschwindigkeits- und Porenwasserdruckverteilung in einer Gewichtsstaumauer gleicher Durchlässigkeit eindeutig festgelegt. Auch der Gesamtsickerverlust läßt sich leicht errechnen, und wir erhalten, wenn F die vom Wasser benetzte Fläche bezeichnet,

$$Q = \frac{k}{m} \cdot F. \qquad (II/36)$$

Betrachten wir nun einen Punkt (k) des Strömungsfeldes und führen wir in Gln. (II/25) und (II/26) die entsprechenden Ausdrücke ein, so erhalten wir für diesen Sonderfall, wo die Stromlinien parallel zur Abszissenachse verlaufen, sehr einfache Beziehungen

$$a_s = a_x = \gamma_w \cdot n_w \cdot J = \gamma_w \cdot n_w \cdot \frac{1}{m}, \qquad \text{(II/37)}$$

$$a_n = a_y = \gamma_w \cdot n_w \qquad \text{(II/38)}$$

und damit, sowie gleichfalls aus der Beziehung

$$a = \gamma_w \cdot n_w \, \mathrm{grad}\, h = n_w \, \mathrm{grad}\, p, \qquad \text{(II/39)}$$

für die Auftriebskraft des Porenwassers pro Volumseinheit

$$a = n_w \cdot \gamma_w \frac{1}{\sin \varphi} = n_w \cdot \gamma_w \sqrt{1 + \frac{1}{m^2}}. \qquad \text{(II/40)}$$

Die Ergebnisse dieser Berechnung sind in Abb. II/20 wiedergegeben. In Abb. II/21 ist die Porenwasserdruckverteilung im Mauerprofil in einigen Schnitten mit $n_w = 0{,}91$ und $(n_w - n) = 0{,}85$ in anschaulicher Weise dargestellt; $n_w = 0$ entspricht dem Fall des wasserundurchlässigen Mauerkörpers. Die Berücksichtigung der Durchströmung des Mauerkörpers bewirkt, wie ersichtlich, eine Aufteilung des gesamten hydrostatischen Drucks

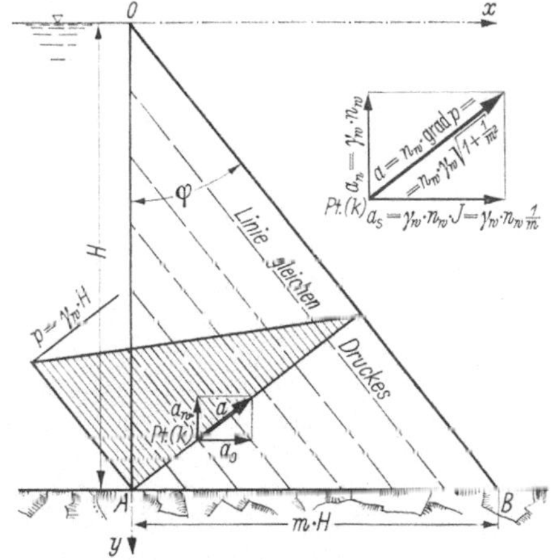

Abb. II/20. Dreieckförmiger Mauerquerschnitt — waagrechte Sickerströmung. Druckverteilung und Auftriebskraft

$$W = \frac{1}{2}\gamma_w \cdot H^2.$$

Auf die Festteile des Betons an der Wasserseite wirkt nur ein geringer Anteil des gesamten Staudrucks

$$W_0 = \frac{1}{2}(1 - n_w)\,\gamma_w \cdot H^2,$$

der Rest

$$W - W_0 = \frac{1}{2} \cdot n_w \cdot \gamma_w \cdot H^2$$

verteilt sich auf die Festteile im Inneren des Mauerkörpers.

Mit diesen Angaben läßt sich die Lage der Resultierenden der Spannungen für die Festsubstanz in der Bauwerksohle AB oder in höher gelegenen Mauerhorizonten auf einfache Weise bestimmen. In vertikaler Richtung wirkt das Eigengewicht des Mauerkörpers, ihm entge-

gengesetzt der abgeminderte hydrostatische Druck in der Aufstandsfläche AB, in horizontaler Richtung (Richtung der Stromlinien) der
gesamte Wasserdruck an der Stauwand.

Die Untersuchung kann in ähnlicher Weise auch für ein weniger einfaches Strömungsbild (z. B. nach Abb. II/14) vorgenommen werden.
Die Druckverteilung des Porenwassers in einem beliebigen Mauerhorizont geht aus dem gezeichneten Potentialnetz der Sickerströmung hervor. Mit der Annahme zutreffender Werte für die Koeffizienten n,
n_w läßt sich damit die Lage der Drucklinie im Inneren des Mauerkörpers bestimmen.

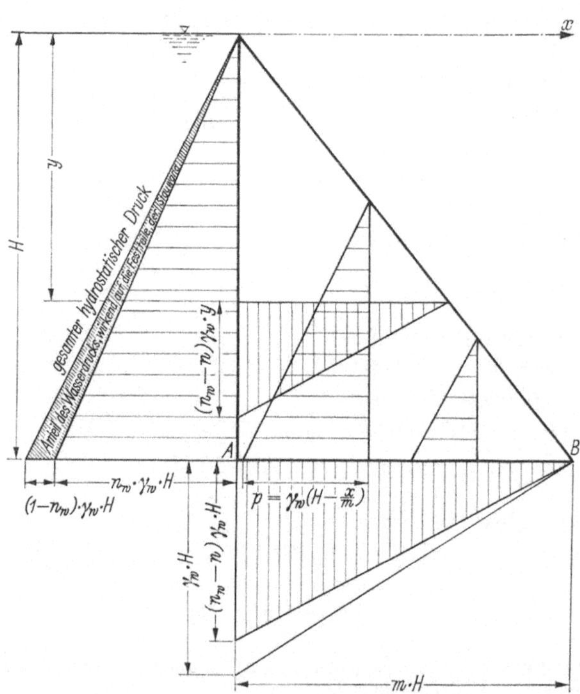

Abb. II/21. Dreieckförmiger Mauerquerschnitt — waagrechte Sickerströmung. Porenwasserdruckverteilung in horizontalen und vertikalen Schnitten

Bemerkungen zu dem Verfahren. Das geschilderte Verfahren ist durch die Annahmen, welche das Strömungsbild der Sickerströmung festlegen, gekennzeichnet.
Die Tatsache, daß dem Wasserdruck ausgesetzter Beton zumindest anfänglich
wasserdurchlässig ist, wird heute allgemein anerkannt. Die Betontechnik hat sich
in dem letzten Jahrzehnt jedoch stark entwickelt, und es ist heute durchaus möglich, einen praktisch wasserdichten Staumauerbeton herzustellen. Außerdem bewirken bei normaler Ausführung des Bauwerks die in jeder Staumauer vorhandenen Kontrollgänge und -schächte eine Dränwirkung, die den Bereich der Sickerströmung im Mauerinneren auf eine verhältnismäßig schmale Zone längs der Wasserseite und der Gründungssohle begrenzt. Ferner besteht die Möglichkeit, jede

gewünschte Reduktion des Sohlenwasserdrucks, auch nach Ausführung des Bauwerks, zu verwirklichen. Das Bild eines beinahe vollständig durchströmten Mauerkörpers stellt daher einen der Wirklichkeit nicht entsprechenden Grenzfall dar.

Auch bei diesem Verfahren bleiben noch mehrere theoretische Fragen umstritten, insbesondere die Bedeutung der erwähnten Kraftwirkungen vor und im Bruchzustand des Mauerkörpers.

e) Zusammenfassung

Bei der Bemessung eines Sperrenwerkes hat der projektierende Ingenieur über die Anwendung eines der beschriebenen Verfahren zu entscheiden. Schwierigkeiten bei der Festlegung der rechnungsmäßigen Annahmen bereiten die richtige Einschätzung des Einflusses vorgesehener konstruktiver Maßnahmen und unvorhergesehener Zufälligkeiten, sowie die schwer abzuschätzende Qualität der Ausführung.

Die erzielten Fortschritte in der Betoniertechnik erlauben es heute, einen praktisch wasserdichten Staumauerbeton herzustellen. Trotzdem sind selbst bei peinlichster Sorgfalt der Ausführung, sachgemäßer Behandlung der wasserseitigen Außenfläche der Mauer und der Gründungsfläche Wasserinfiltrationen und Durchsickerungen in den Betonierfugen zu befürchten. Das Bild eines einheitlich durchströmten Mauerkörpers ist mit der Wirklichkeit nicht gut in Einklang zu bringen, da die Betonierfugen bevorzugte Stromlinien mit einer Durchlässigkeit, die um ein Vielfaches die des Betons in der Masse beträgt, darstellen. Hierzu kommt noch, daß die Rißempfindlichkeit des Betons bei Belastung in den Betonierfugen größer ist als in der vollen Masse.

Da es bei der Bemessung eines Sperrenwerkes darum geht, die absolute Sicherheit des Bauwerks auch in Ausnahmefällen der Beanspruchung zu gewährleisten, werden im folgenden auf Grund der erwähnten Tatsachen und der Feststellung, daß ein wirklichkeitsnahes Strömungsbild im Mauerkörper günstigere Bedingungen für die Bemessung liefert als die nicht auszuschließende Möglichkeit des Eindringens von Druckwasser in die Betonierfugen, sowie der Erkenntnis, daß eine gewisse Schematisierung zur Erfassung der tatsächlichen Verhältnisse in Kauf genommen werden muß, die Stabilitätskriterien unter Verwendung der Verfahren mit linearer Querverteilung des Fugenwasserdrucks entwickelt. Dem Grundgedanken der Verfahren, welche auf der Durchlässigkeit des Betons beruhen, wird insofern Rechnung getragen, daß für die Durchführung der statischen Berechnung vorsichtige Werte für den Abminderungsbeiwert für Sohlen- und Fugenwasserdruck empfohlen werden; als solche können je nach den örtlichen Verhältnissen $\lambda = 0,70$ bis 0,85 für Regellastfälle und $\lambda = 0,90$ bis 1,00 für Ausnahmelastfälle angesehen werden.

2. Stabilitätsbedingungen für Normal- und Ausnahmelastfälle

Bei der Bemessung von Gewichtsstaumauern wird im allgemeinen jeder Mauerblock für sich als selbständiger, im Gründungsfels elastisch eingespannter Baukörper betrachtet und von einer Kraftübertragung von einem Block zum anderen in Längsrichtung der Mauer abgesehen. Hinsichtlich der Gestaltung des Bauwerks bleibt es dem Ermessen des planenden Ingenieurs überlassen, den unteren Teil der Mauer oder die gesamte Mauer je nach Talform und geologischen Verhältnissen monolithisch auszubilden und diese Maßnahme bei der Bemessung zu berücksichtigen oder auch nicht.

Maßgebend für die Bemessung sind:

die Gefahr eines Aufreißens der Gründungsfuge oder einer horizontalen Schnittfläche im Inneren des Mauerkörpers (Arbeitsfuge) und Eindringen von Druckwasser (Spaltwasser),
die Beanspruchung des luftseitigen Mauerfußes,
die Gleitgefahr der Mauer,
der Einfluß der Stauhaltung während der Bauausführung.

Die übliche statische Berechnung einer Gewichtsstaumauer (auch mit ausgepreßten Fugen) erstreckt sich auf die Untersuchung des ebenen Spannungszustandes einer oder mehrerer charakteristischer Mauerscheiben des Bauwerks. In den meisten Fällen wird es genügen, die statische Untersuchung auf den höchsten Mauerblock zu beschränken. Will man die räumlichen Kraftwirkungen berücksichtigen, so erfolgt die Berechnung nach dem Lastaufteilungsverfahren in ähnlicher Weise wie bei Gewölbestaumauern. Da diesem Berechnungsverfahren wesentlich mehr Bedeutung bei der Bemessung von Bogenstaumauern zukommt, möge in diesem Abschnitt auf eine Beschreibung dieses Verfahrens verzichtet werden. Gewöhnlich wird bei der Berechnung des Spannungszustandes im Mauerkörper die Art der Herstellung des Bauwerks nicht berücksichtigt. Dies mag bei niedrigen Sperrenwerken, wo die erste Füllung des Staubeckens erst nach Fertigstellung der Talsperre erfolgt, unbedenklich erscheinen. Bei hohen Sperrenwerken ist es jedoch unbedingt notwendig, dem Einfluß der Bauausführung auf den Spannungszustand Rechnung zu tragen. Aus verschiedenen Gründen, auf die im Abschn. II/B 6 näher eingegangen wird, erfolgt der Ausbau bedeutender Sperrenwerke meist in mehreren Etappen. In diesem Fall ist es angezeigt, die Berechnung in zwei Abschnitte zu gliedern.

Erster Berechnungsabschnitt (übliche Berechnung): Talsperre hergestellt in monolithischen Mauerblöcken (atmende Blockfugen) ohne Berücksichtigung des Betoniervorgangs und unter Voraussetzung, daß die erste Füllung nach Fertigstellung der Mauer erfolgt.

Zweiter Berechnungsabschnitt (weitergehende Berechnung): Talsperre ausgeführt in mehreren Bauabschnitten mit Zwischenstauhaltungen. Der Spannungszustand infolge Eigengewicht und Wasserdruck erfährt, im Vergleich zum ersten Berechnungsabschnitt, mehr oder weniger starke Änderungen, welche, wie wir später sehen werden, im wesentlichen von dem vorgesehenen Programm der Stauhaltung für die Zeit der Herstellung des Bauwerks abhängen. Im Sinne eines einwandfreien Erfassens des Spannungszustandes im Sperrenkörper während und nach der Bauzeit, ist auf die genaue Einhaltung dieses Stauprogrammes zu achten. Da die Spannungsverteilung in der Mauer infolge Eigengewicht bei Berücksichtigung der Bauausführung häufig günstiger wird, kann die Bemessung der Sperre im allgemeinen mit den Voraussetzungen des ersten Berechnungsabschnittes vorgenommen werden.

Grundsätzlich werden bei der Bemessung von Gewichtsstaumauern für Normallastfälle keine Zugspannungen im Mauerkörper zugelassen, während für Ausnahmelastfälle, bei welchen mit Rißbildungen zu rechnen ist, geringe Zugspannungen zugelassen werden können. Die wesentlichsten Beanspruchungen, denen eine Gewichtsstaumauer standzuhalten hat, werden durch das Eigengewicht der Mauer, den Wasserdruck aus dem Stauraum, den Sohlen- und Fugenwasserdruck, sowie durch Erdbebenwirkung hervorgerufen. Statischen oder dynamischen Kräften infolge Kriegseinwirkung gebührend Rechnung zu tragen, ist schwierig, da es in der heutigen Zeit kaum schwer sein dürfte, ein Sperrenbauwerk gewaltsam zu zerstören. Den zusätzlichen Beanspruchungen des Mauerkörpers, hervorgerufen durch die Talverformung infolge Wasserlast, Temperaturänderungen und anderen Formänderungsbeanspruchungen (Schwinden, Schwellen und Kriechen des Betons), sowie durch den Anlandungs- und Eisdruck, kommt im allgemeinen nur untergeordnete Bedeutung zu; bei höheren Sperrenbauwerken spielen auch die von Überläufen oder von der Durchströmung in Rohrleitungen hervorgerufenen dynamischen Kräfte keine wesentliche Rolle. Bei unseren Betrachtungen wollen wir im folgenden von diesen Nebenwirkungen, die unschwer in die Berechnung einzuführen sind, absehen. Trotzdem sind diese Nebenwirkungen nicht zu übersehen, da sie für die Bauausführung und für eventuell vorzusehende konstruktive Maßnahmen von Wichtigkeit sind. Sie sind vielfach mit zusätzlichen schädlichen Zugspannungen verbunden, die Rißbildungen begünstigen oder in anderer Weise das statische Verhalten des Bauwerks beeinträchtigen. So bewirkt beispielsweise die Talverformung infolge Wasserlast ein Öffnen der Fugen zwischen den Baublöcken, wobei die Standsicherheit des Bauwerks praktisch erhalten bleibt, da diese, ohne eine räumliche Kraftübertragung zu beanspruchen, gegeben ist. Während der Spannungszustand der Mauer dabei nur geringfügig, hauptsächlich im Gründungsbereich, beeinflußt wird, ist diese Wirkung im Hinblick auf die Fugendichtung von Bedeutung.

5*

Für die statische Berechnung lassen sich daher folgende Lastfälle definieren:

a) Hauptlastfälle (Normal- oder Regellastfälle):

Leeres, teilweise gefülltes oder volles Becken.

Für beide Berechnungsabschnitte ist für die Hauptlastfälle folgende Stabilitätsbedingung zu erfüllen:

Die Resultierende aus der Summe aller Kräfte muß auf jedem Mauerhorizont (horizontale Schnittfläche) innerhalb des Kernquerschnitts bleiben.

Im einzelnen läßt sich dazu folgendes sagen:

α) Hauptlastfall leeres Becken:

Kraftwirkung: Eigengewicht der Mauer.

Nach der oben erwähnten Stabilitätsbedingung sollte die resultierende Kraft innerhalb des Kernquerschnitts bleiben. Es ist jedoch zulässig, daß sie ein wenig über den wasserseitigen Kernpunkt hinausgeht; die nach der Trapezregel berechneten, an der Luftseite auftretenden Zugspannungen sollten dabei den Wert von 3 bis 4 kg/cm² nicht überschreiten. Von der Unbedenklichkeit dieser Zugspannungen wird noch im zweiten Berechnungsabschnitt die Rede sein.

β) Hauptlastfall volles Becken:

Kraftwirkungen: Eigengewicht der Mauer, Wasserdruck (Stauspiegel auf Kronenhöhe), abgeminderter Sohlen- und Fugenwasserdruck.

Bei dem Hauptlastfall volles Becken, ohne Berücksichtigung von Sohlen- und Fugenwasserdruck, dürfen die Hauptdruckspannungen parallel zur Wasserseite in jeder Höhe der Mauer nur wenig kleiner als der hydrostatische Druck sein. Als entsprechender Abminderungsbeiwert kann der Faktor 0,85 angesehen werden (s. Abschn. II/B 1). Von dieser Regel sollte auch bei Mauern mit Fugenspalten oder sonstigen Maßnahmen zur Entwässerung oder Dichtung nicht abgegangen werden. Sie bietet uns die Sicherheit dafür, daß horizontale Risse in der Mauer auch bei Eintritt von Druckwasser nicht dazu neigen, sich zu öffnen.

Da es sehr schwierig ist, die Wirkungen der Sickerströmung unter und im Mauerkörper schon im Stadium der Berechnung richtig zu erfassen, ist es nach Meinung des Verfassers vorteilhafter und richtiger, die Spannungsberechnung zunächst ohne Sohlen-, Fugen- oder Porenwasserdruck vorzunehmen und einen oder mehrere der Ausführung entsprechende mögliche Zustände der Sickerströmung diesem Fall zu überlagern und getrennt zu betrachten. Geht man so vor, so ist es verhältnismäßig leicht, für jeden Punkt im Inneren des Mauerkörpers mögliche Grenzwerte der auftretenden Spannungen zu erhalten.

In Verbindung mit der Berechnung zur Erfüllung der eingangs erwähnten Stabilitätsbedingung ist auch die Gleitsicherheit nachzuweisen. Dabei sind die Wirkungen von Sohlen- und Fugenwasserdruck als äußere Kräfte in die Berechnung einzuführen; die Resultierende aus Eigengewicht, Wasserdruck, Sohlen- und Fugenwasserdruck darf in diesem Falle nicht über den luftseitigen Kernpunkt des Querschnittes hinausgehen.

γ) Hauptlastfall teilweise gefülltes Becken:

Kraftwirkungen: Eigengewicht der Mauer, Wasserdruck (Stauspiegel auf Kote der Absenkung), abgeminderter Sohlen- und Fugenwasserdruck.

Dem Hauptlastfall teilweise gefülltes Becken kommt praktische Bedeutung nur dann zu, wenn ein etappenweiser Ausbau der Staumauer vorgesehen ist. Die für den Hauptlastfall volles Becken aufgestellte Regel, daß die Hauptdruckspannung an der Wasserseite in jeder Mauerhöhe gleich oder größer als 85% des hydrostatischen Drucks sei, ist auch hier für jede Etappe anzuwenden; dasselbe gilt für die Stabilitätsbedingung.

b) Ausnahmelastfälle (Katastrophenlastfälle):

Folgen eines Horizontalrisses; Eindringen von Druckwasser in Arbeitsfugen oder (waagerechte) Biegezugrisse infolge Temperatur-, Schwind- oder sonstiger unvorhergesehener Wirkungen.
Folgen eines Erdbebens bei leerem und vollem Becken.

Bei Ausnahmelastfällen kann man es zulassen, daß die resultierende Kraft aus dem Kernquerschnitt heraustritt und somit Zugspannungen auftreten. Die entsprechende Stabilitätsbedingung, welche ebenfalls für beide Berechnungsabschnitte gültig ist, lautet:
Die Resultierende aus der Summe aller einwirkenden Kräfte darf in keinem Horizontalschnitt der Mauer den mittleren Zweidrittel-Teil des vollen Querschnittes (mit den Randpunkten wasser- und luftseitiger Sechstelpunkt) verlassen.
Der Grund für diese Vorschrift liegt darin, daß bei Ausmitten, die über den Sechstelpunkt des Querschnitts hinausgehen, die Kantenpressungen, berechnet bei Ausschluß der Zugspannungen, sehr rasch anwachsen. In Anlehnung an die DIN 19702 wird damit der Bedingung entsprochen, daß mindestens die Hälfte des vollen Querschnitts unter Druck steht. In der Anmerkung, S. 71, wird diese Regel näher begründet.
Zu den einzelnen Lastfällen sei folgendes bemerkt:

α) Katastrophenlastfall bei Ausbildung eines über die ganze Blockbreite durchgehenden Horizontalrisses auf irgendeinem Mauerhorizont bei vollem Becken:

Kraftwirkungen: Eigengewicht der Mauer, Wasserdruck (Stauspiegel auf Kronenhöhe), voller Sohlen- und Fugenwasserdruck.

Im Gegensatz zum Hauptlastfall volles Becken wird in diesem Falle mit einem verstärkten Eintritt von Druckwasser in horizontale Schnittflächen gerechnet. Mit Bezug auf die in Abschn. II/B 1 gemachten Ausführungen wird empfohlen, den Sohlen- und Fugenwasserdruck mit dem Abminderungsbeiwert 0,91 oder, um ganz sicher zu gehen, in voller Größe (Abminderungsbeiwert 1,0) in die Berechnung einzuführen. Das Druckgefälle des eindringenden Spaltwassers wird linear, auf Null zur Luftseite abfallend angenommen.

Wenn beim entsprechenden Hauptlastfall mit keinem zu stark abgeminderten Sohlen- und Fugenwasserdruck gerechnet wurde, so wird der Stabilitätsbedingung für Ausnahmelastfälle leicht entsprochen; zu überprüfen bleibt, ob durch das Anwachsen der wasserseitigen Druckspannungen die zulässigen Werte der Druckfestigkeit des Betons nicht überschritten werden. Die Berechnung dieses Katastrophenlastfalles erübrigt sich, wenn Erdbebenwirkungen zu berücksichtigen sind.

β) Katastrophenlastfall leeres Becken bei Auftreten eines Erdbebens: Kraftwirkungen: Eigengewicht der Mauer, Trägheitskraft aus Eigengewicht.

Im Hinblick auf das in Abschn. I/5 Gesagte ergibt sich der ungünstigste Lastfall bei leerem Becken für einen horizontalen, talauswärts gerichteten Bebenstoß. Die Größe der Trägheitskraft wird in Abhängigkeit von der Bebenbeschleunigung nach Gl. (I/1) errechnet. Um die Stabilitätsbedingung zu erfüllen, darf die resultierende Kraft in keinem Mauerhorizont über den wasserseitigen Sechstelpunkt hinausgehen.

γ) Katastrophenlastfall volles Becken bei Auftreten eines Erdbebens: Kraftwirkungen: Eigengewicht der Mauer, Wasserdruck (Stauspiegel auf Kronenhöhe), voller Sohlen- und Fugenwasserdruck, Trägheitskraft aus Eigengewicht des Mauerkörpers, Trägheitskraft des Wasserkörpers.

Die ungünstigsten Beanspruchungen ergeben sich bei einem horizontalen bergwärts gerichteten Bebenstoß. Infolge der zu erwartenden Rißbildungen wird mit einem dreieckförmig verteilten, in voller Größe wirksamen Sohlen- und Fugenwasserdruck gerechnet. Eine Abminderung auf 90% darf nach Meinung des Verfassers als noch zulässig betrachtet werden. Die Trägheitskräfte werden für den Mauerkörper nach Gl. (I/1) und für den Wasserkörper nach Gln. (I/2) oder (I/3) berechnet. Der Stabilitätsbedingung wird entsprochen, wenn die resultierende Kraft in keiner horizontalen Schnittfläche des Sperrenkörpers die Begrenzung durch den luftseitigen Sechstelpunkt des Querschnitts verläßt. Da es sich um Ausnahmelastfälle handelt, kann man mit den erhöhten Werten der Randdruckspannungen näher an die Prismendruckfestigkeit herangehen.

Abschließend sei noch darauf hingewiesen, daß die vorgeschlagenen Stabilitätskriterien sinngemäß auch für nicht lineare, günstigere Querverteilungen des Sohlen- und Fugenwasserdrucks angewendet werden können; allerdings muß mit Sicherheit angenommen werden können, daß diese gerechtfertigt erscheinen. Ferner kann auch noch die eine oder andere eingangs erwähnte Zusatzkraft Berücksichtigung finden. Außerdem ist nachzuweisen, daß weder im Gründungsbereich ein Gleiten noch im Inneren des Mauerkörpers ein Abscheren eines Blockteils eintreten kann (s. Abschn. II/B 3).

Anmerkung. Spannungen bei ausmittigem Druck im Rechteckquerschnitt:

Im Rechteckquerschnitt $b\,d$ berechnen sich bekanntlich die Randspannungen mit den Bezeichnungen der Abb. II/22 zu

$$\sigma_A = -\frac{N}{b \cdot d}\left(1 - \frac{6e}{d}\right) = \sigma_0\left(1 - \frac{6e}{d}\right), \quad \text{(II/41)}$$

$$\sigma_B = -\frac{N}{b \cdot d}\left(1 + \frac{6e}{d}\right) = \sigma_0\left(1 + \frac{6e}{d}\right), \quad \text{(II/42)}$$

worin

$$\sigma_0 = -\frac{N}{b \cdot d} \quad \text{mittlere Spannung.} \quad \text{(II/43)}$$

Vorzeichen: $(+)$ Zugspannung,
$(-)$ Druckspannung.

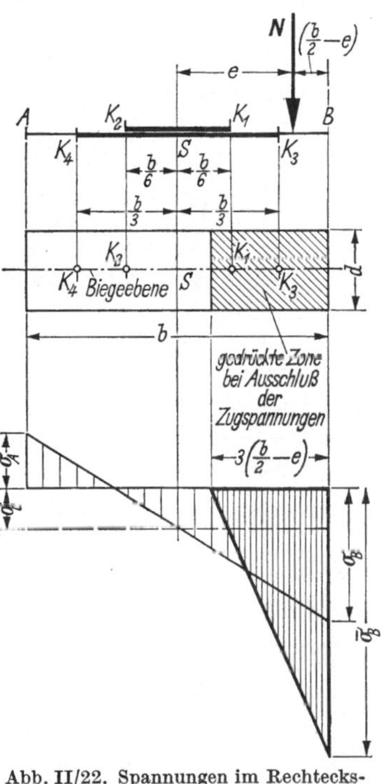

Abb. II/22. Spannungen im Rechtecksquerschnitt bei ausmittigem Druck

Die Kernweiten der Kernpunkte K_1 und K_2 in der Biegeebene sind $k_1 = k_2 = k = \dfrac{b}{6}$.

Wenn die Druckkraft außerhalb des Kernquerschnittes angreift, so treten an der der Kraft abgewendeten Seite Zugspannungen auf. Da der Beton keine größeren Zugspannungen aufnehmen kann, stellen sich Risse ein, und die gezogene Zone wird ausgeschaltet. Aus diesem Grunde wollen wir auch die Randspannung σ_B bei Ausschluß der Zugspannungen berechnen. In diesem Fall greift die Normalkraft N bei geradliniger Spannungsverteilung im äußeren Drittel der Breite der gedrückten Zone an. Somit können wir für die Randspannungen in B schreiben:

$$\bar{\sigma}_B = \frac{2N}{3d\left(\dfrac{b}{2} - e\right)} = \frac{4}{3} \cdot \frac{N}{b \cdot d\left(1 - \dfrac{2e}{b}\right)} = \frac{4}{3} \cdot \sigma_0 \cdot \frac{1}{\left(1 - \dfrac{2e}{b}\right)}. \quad \text{(II/44)}$$

Um den Einfluß der Exzentrizität (Ausmitte) der Kraft auf die Spannungsverteilung besser überblicken zu können, wollen wir mit dimensionslosen Größen rechnen, da diese die Untersuchung übersichtlicher gestalten; zu diesem Zweck beziehen wir sämtliche Werte der Randspannungen auf die mittlere Spannung σ_0

und die Exzentrizität auf die Breite des Querschnittes b. Wir schreiben somit für die Exzentrizität

$$\xi = \frac{e}{b} \, . \tag{II/45}$$

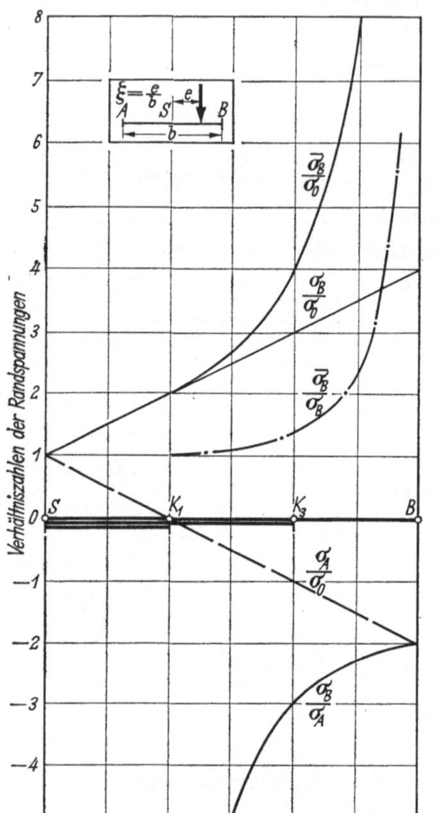

Abb. II/23. Verhältniszahlen der Randspannungen in Abhängigkeit von der Ausmitte

Führen wir $\xi = \dfrac{e}{b}$ in Gln. (II/41), (II/42) und (II/44) ein, erhalten wir

$$\sigma_A = \sigma_0(1 - 6\,\xi), \tag{II/46}$$

$$\sigma_B = \sigma_0(1 + 6\,\xi), \tag{II/47}$$

$$\bar{\sigma}_B = \frac{4}{3}\,\sigma_0 \cdot \frac{1}{(1-\xi)} \, . \tag{II/48}$$

Daraus ergibt sich für die Verhältnisse

$$\frac{\sigma_A}{\sigma_0} = \sigma_A^* = 1 - 6\,\xi, \tag{II/49}$$

$$\frac{\sigma_B}{\sigma_0} = \sigma_B^* = 1 + 6\,\xi, \tag{II/50}$$

$$\frac{\bar{\sigma}_B}{\sigma_0} = \bar{\sigma}_B^* = \frac{4}{3(1 - 2\xi)} \, . \tag{II/51}$$

Weiters sind die Verhältnisse der Randspannungen $\dfrac{\sigma_B}{\sigma_A}$ und $\dfrac{\bar{\sigma}_B}{\sigma_B}$ von Interesse. Mit Gln. (II/46), (II/47) und (II/48) erhalten wir:

$$\frac{\sigma_B}{\sigma_A} = \frac{1 + 6\xi}{1 - 6\xi}, \tag{II/52}$$

$$\frac{\bar{\sigma}_B}{\sigma_B} = \frac{4}{3} \cdot \frac{1}{(1 - 2\xi)(1 + 6\xi)} \, . \tag{II/53}$$

In Abb. II/23 sind die Verhältniszahlen der Randspannungen

$$\frac{\sigma_A}{\sigma_0}, \quad \frac{\sigma_B}{\sigma_0}, \quad \frac{\bar{\sigma}_B}{\sigma_0}, \quad \frac{\sigma_B}{\sigma_A}, \quad \frac{\bar{\sigma}_B}{\sigma_B}$$

in Abhängigkeit vom Angriffspunkt der Normalkraft graphisch dargestellt. Man erkennt deutlich, daß der Unterschied zwischen den Randpressungen ohne und mit Berücksichtigung der Zugspannungen um so größer wird, je näher der Angriffspunkt der Kraft dem gedrückten Querschnittsrand rückt. Dieses Verhältnis ist 1, wenn der Angriffspunkt der Kraft in den Kernpunkt K_1 fällt, und $\dfrac{4}{3}$, wenn er mit dem Sechstelpunkt in der Biegeebene K_3 übereinstimmt. Wandert die Kraft weiter gegen den Randpunkt B, so nimmt dieses Verhältnis sehr rasch zu und wird ∞, wenn der Kraftangriffspunkt mit B zusammenfällt.

Es erscheint daher angebracht, in rißempfindlichen Querschnitten des Betons ein Auswandern der Kraft über den Sechstelpunkt K_3 hinaus gegen den Rand nicht zuzulassen, um zu hohe Betondruckspannungen am Rande der gedrückten Zone (Gefahr der Ausquetschung des Randes) zu verhindern. Um diese Bedingung zu erfüllen, muß somit der Angriffspunkt der Kraft im mittleren Zweidrittel-

Teil des Vollquerschnitts, mit den Randpunkten K_3 und K_4 im Abstand vom Schwerpunkt $\overline{SK_3} = \overline{SK_4} = \dfrac{b}{3}$, verbleiben.

Eine Spannungsberechnung für einen Kraftangriff in den Sechstelpunkten der Biegeebene K_3 und K_4 ergibt für den vollen Querschnitt ein Verhältnis der Randspannungen Druck zu Zug gleich 3 und für den gerissenen Querschnitt bei Ausschluß der Zugspannungen ein Anwachsen der Randdruckspannung um 33%, wobei die Breite der gedrückten Zone die Hälfte des Vollquerschnitts beträgt (vgl. DIN 19702).

3. Nachweis der Gleitsicherheit im Gründungsbereich und des Schubwiderstandes im Mauerkörper

Der Standsicherheitsnachweis hat sich auch auf die Überprüfung der für das einwandfreie Verhalten der Gewichtsstaumauer so wichtigen Gleitsicherheit in der Gründungssohle zu erstrecken. Es ist üblich, in Anlehnung an die Erdbaumechanik diesen Gleitsicherheitsnachweis auf die ganze Sohlfläche auszudehnen und eine durchschnittliche Sicherheitszahl zu errechnen. Diese läßt sich wie folgt definieren:

$$n_{gl} = \frac{\mu \cdot N + \tau_a \cdot F}{T} , \qquad (II/54)$$

worin bedeuten

N Summe aller Vertikalkräfte (Sohlenwasserdruck inbegriffen),

T Summe aller (aktiven, schiebenden) Horizontalkräfte,

τ_a mittlerer Wert der Haftung (Scherwiderstand ohne Auflast; Adhäsion) von Beton auf Fels,

F Gründungsfläche,

$\mu = \tan \varphi$ Reibungsbeiwert für Beton auf Fels (üblicher Wert 0,75),

φ Winkel des Scherwiderstandes.

Die Werte der Haftfestigkeit τ_a und des Reibungsbeiwertes μ sind vor Beginn der Bauausführung durch Versuche zu ermitteln, wobei die wirklichen Verhältnisse möglichst getreu zu erfassen sind. Bei normalen Last- und Baugrundverhältnissen bewegt sich der Reibungsbeiwert μ Beton/Fels zwischen 0,60 bis 0,80, während die mittlere Haftfestigkeit τ_a in der Größenordnung von 20 kg/cm² liegt.

Französische Ingenieure schätzen den tatsächlichen Schubwiderstand im Augenblick des Abscherens höher ein. Auf Grund zahlreicher Versuche geben sie hierfür folgende Beziehung [15]:

$$T^{[t]} = 1,3 \cdot N^{[t]} + 300^{[t/m^2]} \cdot F^{[m^2]}.$$

Die Berechnung der Gleitsicherheitszahl Punkt für Punkt, wie sie KELEN [19] vorgeschlagen hat, ist nur dann von Wert, wenn sie auf Grund einer der Wirklichkeit entsprechenden Verteilung der Normal- und Schubspannungen in der Sohlfuge durchgeführt werden kann. Maßgebend ist der Kleinstwert dieser Sicherheitszahlen. Mit dieser

Bedingung sind jedoch einige Schwierigkeiten verbunden, da die Bestimmung einer annähernd richtigen Spannungsverteilung nur dann möglich ist, wenn man auf die Formänderungen von Staumauer und Gründungsfels eingeht. Derartige Untersuchungen mit Hilfe der mathematischen Elastizitätstheorie oder mittels Modellversuchen (s. Abschn. 5f, S. 90) sind jedoch ziemlich zeitraubend und können außerdem nicht sämtliche Einflüsse auf den Spannungszustand im Gründungsbereich erfassen. Dazu kommt noch, daß man sich in dem besonders gefährdeten Bereich um den luftseitigen Fußpunkt der Mauer in der Zone einer Spannungsspitze befindet, wo eine genaue Aussage über die tatsächlichen Werte von σ und τ nicht leicht gemacht werden kann. Dies ist auch der Grund dafür, daß die Gleitsicherheitszahl für einen Punkt der Sohle nach KELEN

$$n_{gl} = \frac{\tau_s}{\tau} = \frac{\mu \cdot \sigma + \tau_a}{\tau} \tag{II/55}$$

in der Praxis wenig Verwendung findet.

Darin bedeuten:

τ_s Scher- oder Schubwiderstand im Augenblick des Abscherens,

σ Normalspannung im Augenblick des Abscherens,

τ_a Haftfestigkeit,

τ Schubspannung im betrachteten Punkt,

$\mu = \tan \varphi$ Reibungsbeiwert für Beton auf Fels.

Unabhängig davon, ob der Gleitsicherheitsnachweis in der Sohlfuge mit oder ohne Berücksichtigung der Haftfestigkeit durchgeführt wird, kann es sich dabei nur um eine grobe Näherung handeln, da sich die tatsächlichen Verhältnisse rechnerisch nur schwer erfassen lassen. Spielen dabei doch Größe und Verteilung des Sohlenwasserdrucks, der Einfluß der Sickerströmung auf die Gesteinsbeschaffenheit, das Felsgefüge, die Form der Gründungsfläche, die Oberflächenrauhigkeit und andere Faktoren eine entscheidende Rolle. Tatsache bleibt, daß die Gleitsicherheit einer Gewichtsstaumauer nicht groß ist und weit hinter den sonst üblichen Sicherheitsfaktoren zurückbleibt. Bekanntlich lassen sich einige Unfälle an Gewichtsstaumauern auf ein Versagen der Gleitsicherheit zurückführen. Konstruktive Maßnahmen, wie z. B. eine nach der Luftseite ansteigende Gründungssohle, ein Herausdrehen der Gründungsfuge aus der Horizontalen, bis sie von der Resultierenden annähernd senkrecht getroffen wird, eine kräftige Verzahnung derselben, die dem Verlauf der Hauptspannungstrajektorien anzupassen ist, usw., müssen daher zur Erhöhung der Gleitsicherheit herangezogen werden. Bei ungünstiger Klüftung des Gründungsfelsens (insbesonders bei talwärts fallender Schichtung) kann es auch notwendig werden, die Gleitverhältnisse in den Bankungs- und Kluftflächen im Bereich der

Gründung zu untersuchen. Es handelt sich dabei um einen Nachweis der Standsicherheit der Gründung, der sich nur auf Grund einer genauen geologischen Untersuchung durchführen läßt. Spannungsoptische Versuche, die dem Aufbau des Gebirges Rechnung tragen, können dabei gute Dienste leisten.

Ähnliche Grundgedanken sind auch bei der Berechnung des Schubwiderstandes in höher gelegenen Mauerhorizonten zu beachten. In Ergänzung dazu sei auf Abschn. 5d, S. 85, verwiesen. Selbstverständlich ist die Kohäsion bei Annahme von Rissen nicht in Rechnung zu stellen. Auf jeden Fall sind durchgehende waagrechte Arbeitsfugen bei der Bauausführung möglichst zu vermeiden.

4. Bemessung der Staumauer mit Hilfe der Balkentheorie

Die Berechnung des Spannungszustandes der einzelnen, voneinander unabhängigen Mauerblöcke erfolgt üblicherweise nach der Balkentheorie, wobei von einer Verformung des Gründungsfelsens abgesehen wird. Man berechnet zunächst Größe und Lage der Resultierenden der äußeren Kräfte, welche den Spannungszustand verursachen, für jeden beliebigen Mauerhorizont unter Anwendung der Grundregeln der Statik (Abb. II/24).

Für den Hauptlastfall volles Becken sind die äußeren Kräfte durch das Eigengewicht des Mauerblocks und den horizontalen und senkrechten Wasserdruck auf die Stauwand gegeben. Von der Berücksichtigung des Sohlen- und Fugenwasserdrucks wollen wir zunächst absehen. Wir er-

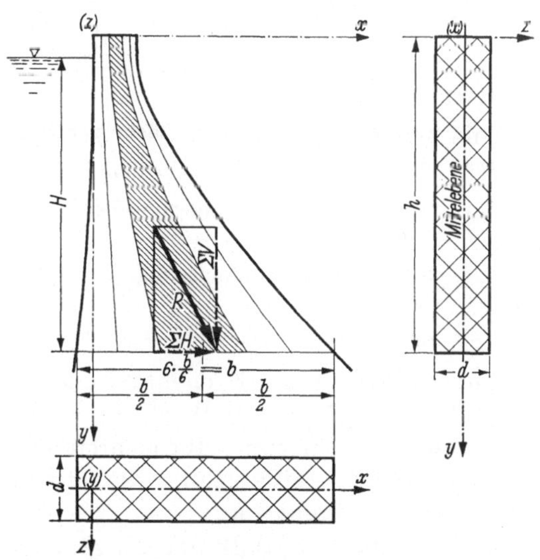

Abb. II/24
Kräftespiel auf einem Mauerhorizont einer Gewichtsstaumauer

halten somit auf Höhe der für die Berechnung gewählten Mauerhorizonte die Summen der äußeren Kräfte ΣV, ΣH und Momente ΣM, wobei es praktisch ist, letztere auf die Mauerachse (gelegt durch den wasserseitigen Randpunkt auf Kronenhöhe) zu beziehen. Größe und Lage der Resultierenden R lassen sich somit in einfacher Weise für jeden Mauerhorizont berechnen. Mit Hilfe der üblichen Annahmen der Gültigkeit des Hookschen (Spannungen proportional zu den Dehnungen) und Bernoullischen Gesetzes (Ebenbleiben der Querschnitte bei der Verformung) lassen sich die Normalspannungen für eine Mauerscheibe mit Rechtecksquerschnitt mit Hilfe der Trapezformel

$$\sigma_{w,l} = \frac{\Sigma V}{b \cdot d}\left(1 \pm \frac{6e}{b}\right)$$ (II/56)

berechnen.

Darin bedeuten:

b Breite des Mauerhorizontes,

d Dicke der Mauerscheibe (gewöhnlich mit 1,0 m angenommen),

e Exzentrizität, Ausmitte.

Die Erkenntnisse in den letzten Jahrzehnten haben gezeigt, daß es aus verschiedenen Gründen vorteilhaft ist, die Wasserseite senkrecht auszubilden. Entlang derselben ist folgende Bedingung zu erfüllen (s. Abschn. II/B 2):

$$(\sigma_\mathrm{I})_w = \lambda_\mathrm{erf} \cdot \gamma_w \cdot H.$$ (II/57)

Allgemein gilt:

$$\lambda_\mathrm{vorh} = \frac{(\sigma_\mathrm{I})_w}{\gamma_w \cdot H} \geqq \lambda_\mathrm{erf}.$$ (II/58)

Darin bedeuten:

$(\sigma_\mathrm{I})_w$ wasserseitige, zur Mauerfläche parallele Hauptspannung,

H Höhe der Wasserlast über dem betrachteten Mauerhorizont,

λ_erf erforderlicher Abminderungsbeiwert des Sohlen- und Fugenwasserdrucks,

λ_vorh vorhandener Abminderungsbeiwert des Sohlen- und Fugenwasserdrucks,

γ_w Einheitsgewicht des Wassers.

Für eine bestimmte Kronenbreite läßt sich in Erfüllung der Bedingungsgleichung (II/57) ein theoretisches Mauerprofil berechnen. Da die Berechnung normalerweise für mehrere horizontale Schnittflächen vorgenommen wird, ergibt sich für die luftseitige Außenfläche des Profils ein polygonaler Linienzug.

Um der ersten Stabilitätsbedingung (Abschn. 2, S. 68) Genüge zu tun, ist der Sohlen- und Fugenwasserdruck in die Berechnung einzuführen. Damit läßt sich auch für jeden Mauerhorizont die Verhältniszahl (Reibungszahl) $\tan \varphi = \frac{\Sigma H}{\Sigma V}$ berechnen.

Der Hauptlastfall leeres Becken ist für die Dimensionierung ohne Bedeutung, sofern man die nach der Trapezregel berechneten kleinen Zugspannungen an der Wasserseite in Kauf nimmt. Wie bereits erwähnt (Abschn. II/A 1 u. II/B 6b), sind diese unbedenklich.

Für den maßgebenden Ausnahmelastfall kann auf ähnliche Weise ein theoretisches Mauerprofil berechnet werden. Damit der zweiten Stabilitätsbedingung (Abschn. 2, S. 69) entsprochen wird, ist entlang der Wasserseite folgende Bedingungsgleichung zu erfüllen:

$$\lambda_{\text{vorh}} = \frac{\left(\dfrac{5}{6}\,b\right)\Sigma V - \Sigma M}{\left(\dfrac{5}{6}\,b\right)S - M_s} \geqq \lambda_{\text{erf}}. \qquad (\text{II}/59)$$

Darin bedeuten:

ΣV Summe der Vertikalkräfte ohne Sohlen- und Fugenwasserdruck,

ΣM Summe der Momente der Vertikal- und Horizontalkräfte (ohne Sohlen- und Fugenwasserdruck) bezogen auf die Mauerachse,

S Sohlen- bzw. Fugenwasserdruck mit $\lambda = 1{,}00$,

M_s Moment infolge Sohlen- oder Fugenwasserdrucks,

b Breite des betrachteten Mauerhorizontes.

Das entsprechende theoretische Mauerprofil ergibt sich, wenn auf jeder untersuchten horizontalen Schnittfläche $\lambda_{\text{vorh}} = \lambda_{\text{erf}} = 1{,}00$ ist. Auch dieses Profil wird an der Luftseite eine polygonale Begrenzung aufweisen.

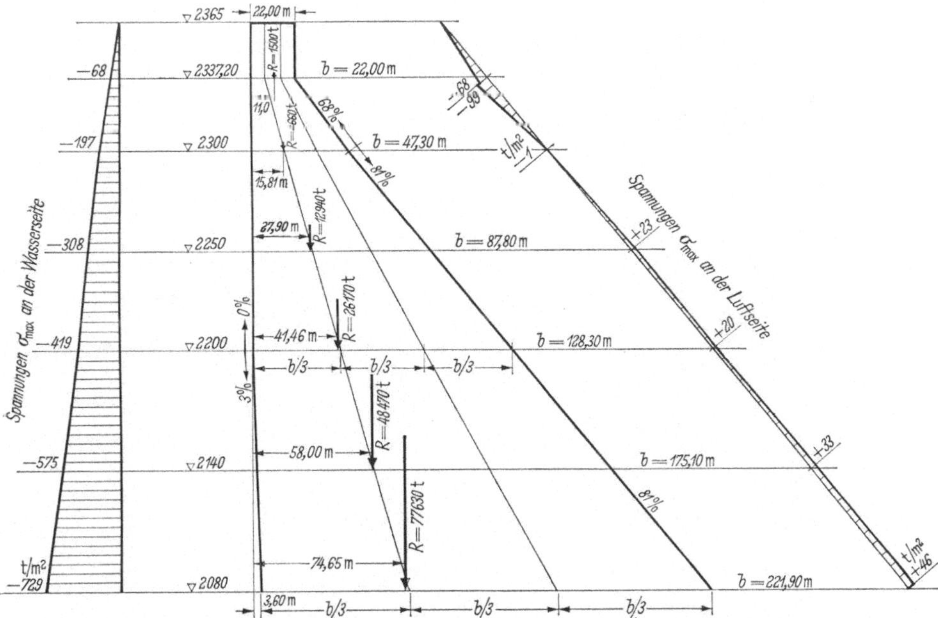

Abb. II/25. Staumauer Grande Dixence. *Hauptlastfall leeres Becken* Hauptnormalspannungen an der Luft- und Wasserseite des monolithischen Mauerkörpers. Raumgewicht des Sperrenbetons $\gamma_b = 2{,}45$ t/m³

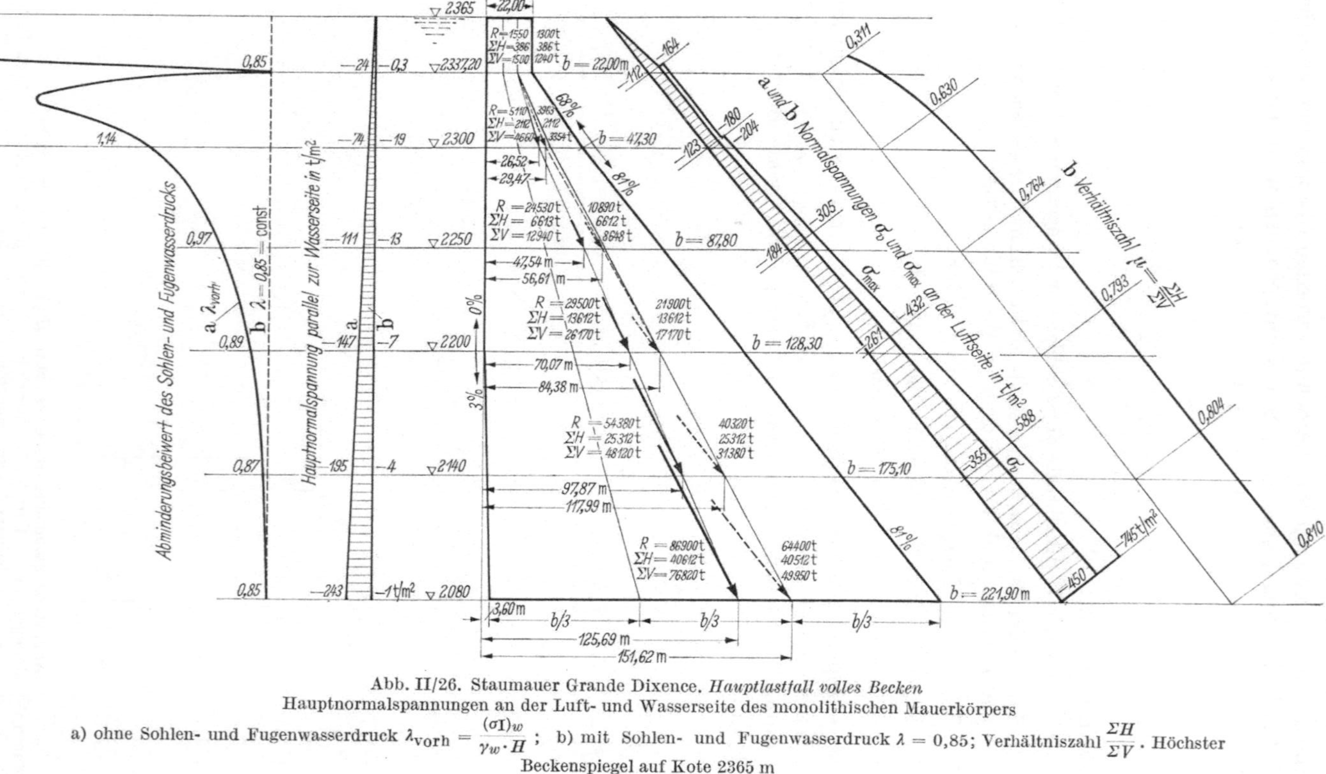

Abb. II/26. Staumauer Grande Dixence. *Hauptlastfall volles Becken*

Hauptnormalspannungen an der Luft- und Wasserseite des monolithischen Mauerkörpers

a) ohne Sohlen- und Fugenwasserdruck $\lambda_{vorh} = \dfrac{(\sigma_I)_w}{\gamma_w \cdot H}$; b) mit Sohlen- und Fugenwasserdruck $\lambda = 0{,}85$; Verhältniszahl $\dfrac{\Sigma H}{\Sigma V}$. Höchster

Beckenspiegel auf Kote 2365 m

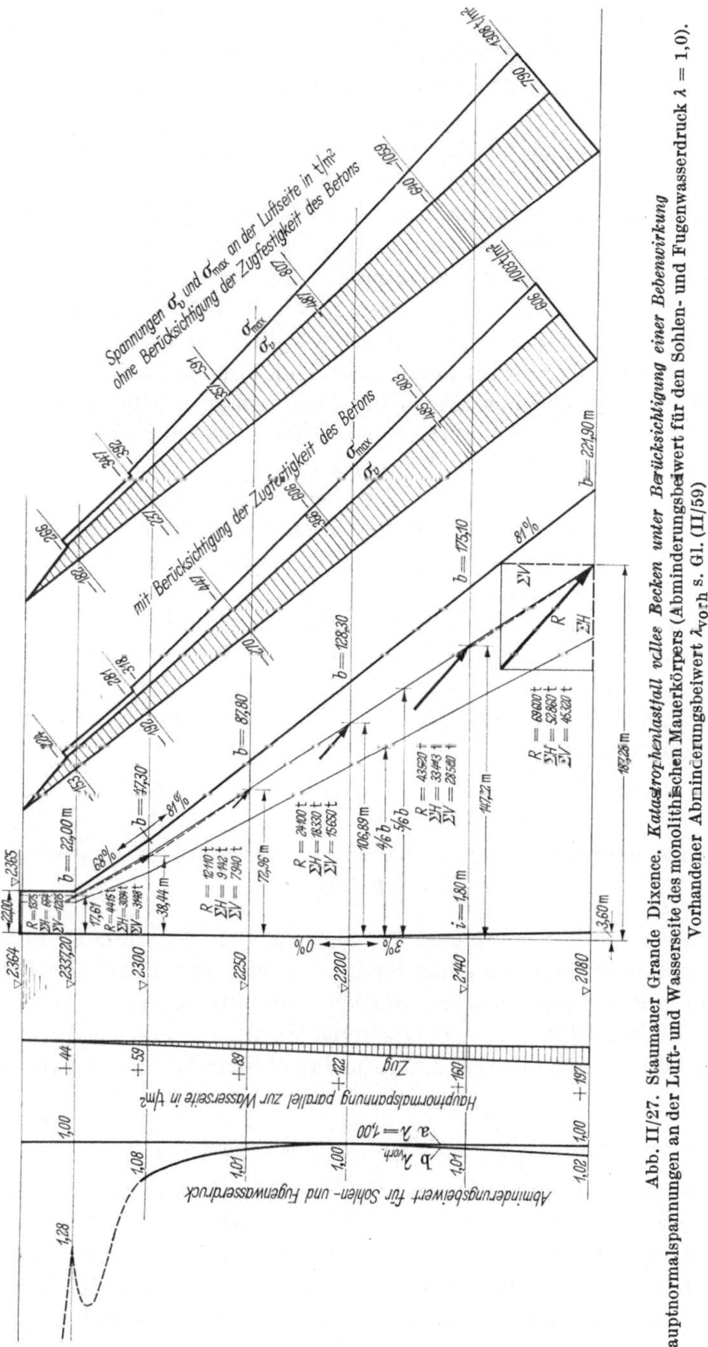

Abb. II/27. Staumauer Grande Dixence. Katastrophenlastfall volles Becken unter Berücksichtigung einer Bebenwirkung
Hauptnormalspannungen an der Luft- und Wasserseite des monolithischen Mauerkörpers (Abminderungsbeiwert für den Sohlen- und Fugenwasserdruck $\lambda = 1{,}0$).
Vorhandener Abminderungsbeiwert λ_{vorh} s. Gl. (II/59)

Aus der Hüllkurve der luftseitigen Begrenzungslinien der beiden theoretischen Mauerprofile geht jenes Minimalprofil hervor, welches den vorgeschriebenen Stabilitätsbedingungen auf jedem beliebigen Mauerhorizont entspricht. Diese theoretische Profilform wird dann durch eine für die Ausführung praktischere mit möglichst knickfreier Luftseite ersetzt. Aus einer Vergleichsrechnung mit verschiedenen Kronenbreiten kann auf diese Art das günstigste Mauerprofil ermittelt werden. Bei breiten Tälern kann es von Vorteil sein, die Kronenbreite der Höhe der Mauerblöcke anzupassen; in diesem Falle nimmt die Kronenbreite gegen die Talflanken hin ab. Bei dieser Untersuchung kann es sich zeigen, daß es manchmal vorteilhaft ist, im unteren Mauerteil die Wasserseite mit geringem negativen Anzug auszubilden. Eine neuerliche Durchrechnung des für die Ausführung bestimmten Mauerprofils wird ergeben, daß in verschiedenen Bereichen der Abminderungskoeffizient für den Sohlen- und Fugenwasserdruck größer wird als unbedingt erforderlich und somit in gewissen Mauerbereichen, namentlich in Kronenhöhe, größere Sicherheiten vorhanden sind. Das beschriebene Verfahren fand bei der Bemessung der Talsperre Grande Dixence Verwendung. Zur Erläuterung mögen die Abb. II/25, 26 und 27 dienen. Aus dem Verlauf der λ-Werte in den Abb. II/26 und 27 ersieht man, daß in diesem Falle hauptsächlich die Erdbebenbedingungen profilbestimmend waren. Eine in diesem Sinne durchgeführte Untersuchung ergab auch, daß es unvorteilhaft ist, die Wasserseite mit einer positiven Neigung auszuführen.

5. Talsperre hergestellt in monolithischen, voneinander unabhängigen Mauerblöcken

Die folgenden Berechnungen beruhen auf den Annahmen, daß die einzelnen Mauerblöcke voneinander unabhängig sind (atmende Blockfugen), in einem Zuge betoniert werden (monolithische Bauweise) und die erste Füllung des Stausees erst nach Fertigstellung der Mauer erfolgt; sie bilden die Voraussetzung für das übliche Rechenverfahren.

a) Spannungszustand an der Luft- und Wasserseite der Staumauer

Zur Berechnung der Randwerte der Normalspannungen an der Luft- und Wasserseite der Mauerscheibe benützen wir Gl. (II/56) (Trapezregel). Da es sich bei diesen Begrenzungsflächen um Ränder mit bekannter Richtung der Hauptnormalspannungen handelt, ist die Bestimmung des vollständigen Spannungszustandes in sämtlichen Randpunkten ohne weiteres möglich.

Wasserseite, volles Becken (Randbelastung normal zum Rand, Abb. II/28):

gegeben: $\qquad\qquad p = \gamma_w \cdot y = \sigma_{II}; \ \sigma_y; \ \varphi_{I,II},$

gesucht: $\qquad\qquad\quad \sigma_x, \ \tau_{xy}, \ \sigma_I.$

Mit den bekannten Beziehungen, die wir am MOHRschen Spannungskreis ablesen können, erhalten wir:

$$\sigma_y = \sigma_I \cdot \cos^2 \psi + \sigma_{II} \cdot \sin^2 \psi$$

$$= \sigma_I \cdot \cos^2 \psi + \gamma_w \cdot y \sin^2 \psi,$$

daraus:

$$\sigma_I = \frac{1}{\cos^2 \psi} \cdot \sigma_y - \gamma_w \cdot y \cdot \tan^2 \psi,$$

oder: $\hfill$ (II/60)

$$\sigma_I = \sigma_y(1 + \tan^2 \psi) - \gamma_w \cdot y \cdot \tan^2 \psi.$$

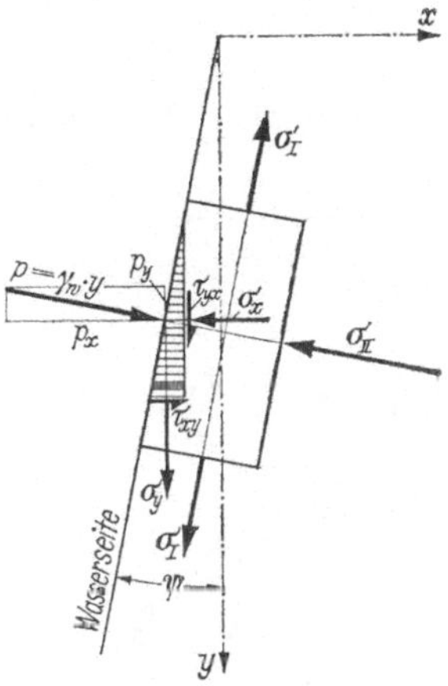

Da ferner:

$$\tau_{xy} = \frac{1}{2}(\sigma_I - \sigma_{II}) \sin 2\psi$$

$$= \frac{1}{2}\left(\frac{1}{\cos^2 \psi} \cdot \sigma_y - \gamma_w \, y \cdot \tan^2 \psi + \gamma_w \cdot y\right)\sin 2\psi,$$

ergibt sich nach Vereinfachung:

$$\tau_{xy} = (\gamma_w \cdot y - \sigma_y) \tan \psi. \hfill \text{(II/61)}$$

Für σ_x schreiben wir:

$$\sigma_x = \sigma_I \cdot \sin^2 \psi + \sigma_{II} \cos^2 \psi$$

$$= \left\{\sigma_y \cdot \frac{1}{\cos^2 \psi} - \gamma_w \cdot y \tan^2 \psi\right\}\sin^2 \psi + \gamma_w \cdot y \cdot \cos^2 \psi$$

$$= \sigma_y \cdot \tan^2 \psi - \gamma_w \cdot y \cdot \tan^2 \psi \cdot \sin^2 \psi + \gamma_w \cdot y \cdot \cos^2 \psi,$$

somit:

$$\sigma_x = \gamma_w \cdot y - (\gamma_w \cdot y - \sigma_y) \cdot \tan^2 \psi. \hfill \text{(II/62)}$$

Die Gln. (II/60), (II/61) und (II/62) sind sinngemäß auch bei zusätzlichem Druck p an der Wasserseite anwendbar. Bei leerem Becken ergeben sich dieselben Beziehungen wie an der Luftseite; beim Vergleich der Ausdrücke ist lediglich der Winkel φ durch ψ zu ersetzen.

Abb. II/28

6 Rescher, Talsperrenstatik

Luftseite (freier Rand, Abb. II/29):

gegeben: $\sigma_{\mathrm{I}} = 0$; σ_y; $\varphi_{\mathrm{I,II}}$,

gesucht: σ_{II}; σ_x; τ_{xy}.

$$\sigma_{\mathrm{II}} = \sigma_y \cdot \frac{1}{\cos^2 \psi} = \sigma_y (1 + \tan^2 \varphi), \qquad (\mathrm{II}/63)$$

$$\sigma_x = \sigma_y \tan^2 \varphi, \qquad (\mathrm{II}/64)$$

$$\tau_{xy} = \frac{1}{2}(\sigma_{\mathrm{I}} - \sigma_{\mathrm{II}}) \sin 2\varphi = \frac{1}{2}\sigma_{\mathrm{II}} \sin 2\varphi = \sigma_y \cdot \tan \varphi. \qquad (\mathrm{II}/65)$$

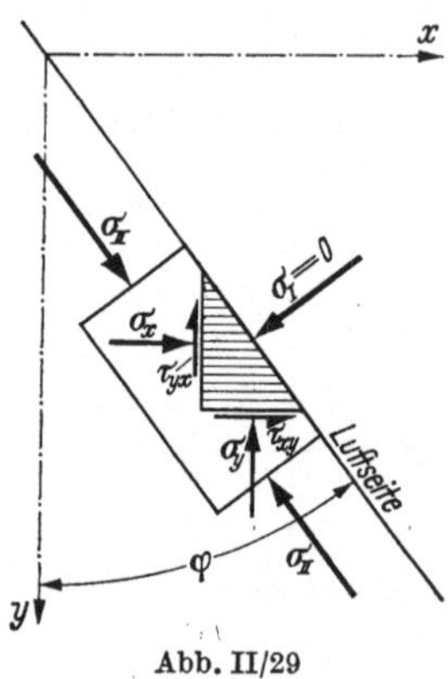

Abb. II/29

Vorzeichenregel: (+) Zugspannung,
(—) Druckspannung.
Gewählte Bezeichnung für Hauptnormalspannungen:

σ_{I} = algebraisch größte Hauptnormalspannung,

σ_{II} = algebraisch kleinste Hauptnormalspannung.

Mit Hilfe der angegebenen Beziehungen ist es somit möglich, für jeden Lastfall den vollständigen Spannungszustand in sämtlichen Punkten der Berandung an der Luft- und Wasserseite zu bestimmen.

b) Spannungen im Inneren des Mauerkörpers

Die bisherigen statischen Betrachtungen und vereinfachenden Annahmen hinsichtlich der Verformungen reichen nicht aus, um ein Gesetz für die Verteilung der Schubspannungen τ_{xy} und der Normalspannungen σ_x über die ganze Breite einer waagrechten Schnittfläche zu bestimmen. Über die Schubspannungen τ_{xy} wissen wir, daß der Rauminhalt des entsprechenden Spannungskörpers der Querkraft gleich sein muß; für die Schnittfläche mit der Breite b und der Dicke der Mauerscheibe d ist somit folgende Bedingungsgleichung

$$\pm d \int_{x=0}^{x=b} \tau_{xy} \cdot dx = \pm \Sigma H \qquad (\mathrm{II}/66)$$

zu erfüllen. Hinsichtlich der Verteilung der Normalspannungen σ_x läßt sich allerdings keinerlei Aussage machen, da diese keiner statischen Bedingung unterliegt, welche eine annähernde Bestimmung erleichtert.

Um eine theoretisch richtige, mit dem Verformungszustand der Mauer im Einklang stehende Spannungsverteilung zu erhalten, ist es notwendig, die Berechnung des ebenen Spannungszustandes der Mauerscheibe mit Hilfe der Elastizitätstheorie durchzuführen. Auf Grund verschiedener, in dieser Richtung ausgeführter Untersuchungen kann festgestellt werden, daß bei annähernd dreieckförmigen Staumauern die Verteilung der σ_x und τ_{xy} über die Breite des Mauerhorizontes praktisch linear ist. Mit Hilfe der Bedingungsgleichung für τ_{xy} kann diese Annahme für die Schubspannungen überprüft und nötigenfalls die Spannungsfläche um den Fehlbetrag durch Überlagerung einer flachen Parabel korrigiert werden. Hierfür läßt sich folgende einfache Beziehung anschreiben:

$$\tau_{xy} = \tau_w + \frac{x}{b}\left(\tau_l - \tau_w\right) + \Delta\tau_m \cdot \frac{4x(b-x)}{b} . \tag{II/67}$$

Andererseits erhalten wir aus Gl. (II/66) mit $d = 1$

$$\Sigma H = \left\{\frac{1}{2}\left(\tau_l - \tau_w\right) + \frac{2}{3}\Delta\tau_m\right\} b, \tag{II/68}$$

woraus:

$$\Delta\tau_m = \frac{3}{2}\left\{\frac{\Sigma H}{b} - \frac{1}{2}\left(\tau_l + \tau_w\right)\right\} . \tag{II/69}$$

Während $\Delta\tau_m$ für hochgelegene Mauerhorizonte meist negativ ist, wird es für solche im Bereich der Gründungsfuge (unteres Mauerdrittel) meist positiv. Wir können aber auch von vornherein einen einfachen Ansatz über eine parabolische Schubspannungsverteilung aufstellen und schreiben:

$$\tau_{xy} = A_1 x^2 + A_2 \cdot x + A_3 . \tag{II/70}$$

Mit dieser Beziehung, Gl. (II/66) mit $d = 1{,}0$ m und den bekannten Randwerten von τ_{xy} an der Luft- und Wasserseite, lassen sich die Festwerte A_1, A_2 und A_3 berechnen; wir erhalten:

$$A_1 = -\frac{6\Sigma H}{b^3} + \frac{3}{b}\left(\tau_w + \tau_l\right), \tag{II/71}$$

$$A_2 = +\frac{6\Sigma H}{b^2} - \frac{2}{b}\left(2\tau_w + \tau_l\right), \tag{II/72}$$

$$A_3 = \tau_w . \tag{II/73}$$

Für die Normalspannungen σ_x in der Schnittfläche läßt sich mit der Annahme einer linearen Verteilung folgende Gleichung anschreiben:

$$\sigma_x = (\sigma_x)_w + \frac{x}{b}\left\{(\sigma_x)_l - (\sigma_x)_w\right\} . \tag{II/74}$$

c) Hauptspannungen

Mit den auf mehreren Mauerhorizonten berechneten Werten σ_x, σ_y und τ_{xy} läßt sich durch Interpolieren der Spannungszustand in jedem beliebigen Punkt der Mauer vollständig bestimmen. Insbesondere können die für die Untersuchung interessanten Hauptspannungen und deren Richtungen mit Hilfe des MOHRschen Spannungskreises oder der entsprechenden Formeln leicht berechnet werden. Zur Bestimmung der Spannungen für eine beliebige Schnittfläche, deren Normale mit dem Winkel φ zur Koordinatenachse x geneigt ist (Abb. II/30), lassen sich aus den Gleichgewichtsbedingungen am dreieckförmigen Flächenelement unter der Voraussetzung verschwindend kleiner Abmessungen folgende Beziehungen aufstellen:

$$\sigma_\varphi = \frac{1}{2}(\sigma_x + \sigma_y) + \frac{1}{2}(\sigma_x - \sigma_y)\cos 2\varphi + \tau_{xy}\sin 2\varphi$$

$$= \sigma_x \cos^2\varphi + \sigma_y \sin^2\varphi + 2\tau_{xy}\sin\varphi\cos\varphi, \tag{II/75}$$

$$\tau_\varphi = \frac{1}{2}(\sigma_x - \sigma_y)\sin 2\varphi - \tau_{xy}\cos 2\varphi$$

$$= (\sigma_x - \sigma_y)\sin\varphi\cos\varphi - \tau_{xy}(\sin^2\varphi - \cos^2\varphi). \tag{II/76}$$

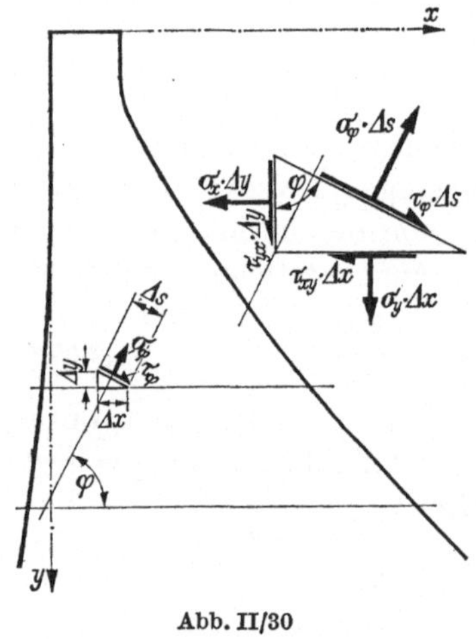

Abb. II/30

Mit Hilfe dieser Ausdrücke können wir jene Schnittrichtungen bestimmen, für welche die Normalspannungen σ_φ und die Schubspannungen τ_φ Extremwerte erreichen. Die Hauptnormalspannungen — Extremwerte von σ_φ — treten bekanntlich in Schnitten auf, deren Richtung durch folgende Beziehung bestimmt ist:

$$\tan 2\varphi_{\mathrm{I,II}} = \frac{2\tau_{xy}}{\sigma_x - \sigma_y}. \tag{II/77}$$

Die Indizes I und II deuten an, daß die Gleichung für φ_{I} und $\varphi_{\mathrm{II}} = \varphi_{\mathrm{I}} + \frac{\pi}{2}$ erfüllt ist.

Die zugehörigen Werte der in zwei aufeinander senkrecht stehenden Schnitten wirkenden Hauptnormalspannungen lauten:

$$\sigma_{\mathrm{I}} = \frac{1}{2}\left\{(\sigma_x + \sigma_y) + \sqrt{(\sigma_x - \sigma_y)^2 + 4\tau_{xy}^2}\right\},$$

$$\sigma_{\mathrm{II}} = \frac{1}{2}\left\{(\sigma_x + \sigma_y) - \sqrt{(\sigma_x - \sigma_y)^2 + 4\tau_{xy}^2}\right\}. \tag{II/78}$$

Für diese Schnittebenen wird $\tau_\varphi = 0$.

Die Hauptschubspannungen — Extremwerte von τ_φ —, welche in Schnitten senkrecht zur Scheibenmittelfläche wirken, schließen mit den Ebenen der Hauptnormalspannungen einen Winkel von 45° ein. Der zugehörige Extremwert lautet:

$$\tau_{\mathrm{I,II}} = \tau_{\max} = \pm \frac{1}{2}(\sigma_{\mathrm{I}} - \sigma_{\mathrm{II}}). \tag{II/79}$$

In dieser Schnittebene wirken auch Normalspannungen:

$$(\sigma)_{\tau_{max}} = \frac{1}{2}\,(\sigma_I + \sigma_{II})\,. \qquad (II/80)$$

Den Hauptschubspannungen $\tau_{II,III}$ und $\tau_{I,III}$, die in Ebenen wirken, die zur Mittelfläche mit einem Winkel von 45° geneigt sind (Schiebung aus der xy-Ebene), kommt ebenfalls Bedeutung zu. Ihre Werte und die der zugehörigen Normalspannungen lauten:

$$\tau_{II,III} = \pm \frac{1}{2}\,\sigma_{II}\,, \qquad (\sigma)_{\tau_{II,III}} = \frac{1}{2}\,\sigma_{II}\,,$$
$$\tau_{I,III} = \pm \frac{1}{2}\,\sigma_{I}\,, \qquad (\sigma)_{\tau_{I,III}} = \frac{1}{2}\,\sigma_{I}\,. \qquad (II/81)$$

In den Wirkungsebenen der Hauptschubspannungen treten somit im allgemeinen auch Normalspannungen auf. Die Hauptschubspannungen $\tau_{I,II}$ sind zwar die größten Schubspannungen in Schnitten senkrecht zur Mittelebene, stellen aber nur dann die größten Schubspannungen dar, wenn σ_I und σ_{II} verschiedene Vorzeichen besitzen.

d) Scherwiderstand im Inneren des Mauerkörpers

Bekanntlich erreichen die maximalen Druckspannungen, insbesondere die Kantenpressung, an der Luftseite nur bei sehr hohen Gewichtsstaumauern Werte, die nahe an die zulässige Druckfestigkeit des Sperrenbetons herankommen. Es besteht daher im allgemeinen keine Gefahr einer Überschreitung der Druckfestigkeit des Betons. Anders ist es mit den Schubspannungen bestellt, welche in der Größenordnung von $^1/_2\,\sigma_{max}$ liegen. Letztere erreichen Werte von etwa

15 kg/cm² für Talsperren von 100 m Höhe,
30 kg/cm² für Talsperren von 200 m Höhe,
45 kg/cm² für Talsperren von 300 m Höhe.

Wenn es möglich wäre, die einzelnen Mauerblöcke in einem Zuge, ohne Arbeitsfugen, herzustellen, so wäre die Gefahr des Abscherens nicht zu groß. Die kurzen oder längeren Unterbrechungen im Betoniervorgang bringen es jedoch mit sich, daß die dadurch bedingten Arbeitsfugen eine Schwächung im inneren Zusammenhang des Betonskeletts darstellen. Aus diesem Grunde muß bei der Herstellung des Bauwerks darauf Bedacht genommen werden, daß die Arbeitsfugen durch besondere Behandlung eine möglichst rauhe Oberfläche erhalten und eine Richtung aufweisen, welche auch bei ungünstigen Verhältnissen eine einwandfreie Kraftübertragung gewährleistet. Beim Abscheren eines Querschnitts wird die Schub- oder Scherkraft durch den Scherwiderstand übertragen. Im Augenblick des Grenzgleichgewichts beträgt dieser:

$$\tau_s = \mu\sigma + \tau_c = \sigma\,\tan\varphi + \tau_c\,, \qquad (II/82)$$

worin

τ_s — Scher- oder Schubwiderstand im Augenblick des Abscherens

σ — Normalspannung im Augenblick des Abscherens,

$\tau_c = \tau_{\text{eff,max}}$ — Haftfestigkeit, Scherwiderstand ohne Auflast, Kohäsion,

τ_{eff} — effektive Schubspannung,

$\mu = \tan \varphi$ — Reibungsbeiwert,

φ — Winkel des Scherwiderstandes.

Die praktische Anwendbarkeit der von der Bodenmechanik her bekannten COULOMBschen Gleichung (II/82) für Beton wurde durch zahlreiche Laboratoriumsversuche bestätigt. Neuere Versuche mit Sperrenbeton normaler Zusammensetzung haben ergeben, daß der Wert $\mu = \tan \varphi = 1{,}0$ ziemlich leicht erhalten werden kann; für τ_c liegen die Werte in der Größenordnung von 30 kg/cm². Für den Gleichgewichtsfall gilt:

$$\tau = \sigma \cdot \tan \varphi_0 + \tau_{\text{eff}}. \tag{II/83}$$

Bei der Untersuchung der Richtung der Arbeitsfugen geht es darum, solche zu bestimmen, die für jeden möglichen Lastfall (Normal- oder Ausnahmelastfall) volle Sicherheit gegen Abscheren gewährleisten. Zu diesem Zweck ist es erforderlich, die gefährdeten Bereiche der Mauer, besonders entlang der wasserseitigen Begrenzungsfläche der Mauerscheibe, mit Hilfe von MOHRschen Spannungskreisen zu untersuchen. Da wir mit der Haftung in den Arbeitsfugen nur mit Ungewißheit rechnen können, muß die einwandfreie Kraftübertragung lediglich durch Druck und Reibung gesichert sein. Wir wollen daher bei unserer Untersuchung $\varphi = \varphi_0$ setzen.

In Abb. II/31 ist ein MOHRscher Spannungskreis für einen beliebigen Punkt der Mauer dargestellt; folgendes ist dazu zu bemerken:

Kreis 1: MOHRscher Kreis im Inneren des von der Geraden arc tan μ begrenzten Bereiches. Keinerlei Gleitgefahr, da Reibung allein zur Übertragung der Schubkraft ausreicht.

Kreis 2: Die Geraden arc tan μ bilden Tangenten an dem MOHRschen Kreis. Die Reibung ist gerade ausreichend zur Schubkraftübertragung.

Kreis 3: MOHRscher Kreis schneidet die Geraden arc tan μ. Im schraffierten Bereich ist zur Übertragung der Schubspannung die effektive Schubspannung ($\tau_{\text{eff,max}} = \tau_c =$ Kohäsion) nötig.

Wie in Abb. II/32 ersichtlich, können wir am MOHRschen Kreis, ausgehend vom Pol der Schnittflächen P, die Bereiche abgrenzen, für welche zur Schubkraftübertragung die Reibung ausreicht. Die Bereiche, in welchen $\tau_{\text{eff}} > 0$ ist, sind schraffiert eingetragen. Letztere bestimmen die Richtungen von Schnittflächen, welche für Arbeitsfugen (tägliche oder saisonbedingte) zu vermeiden sind.

Bei der Ausführung des Bauwerks erscheinen senkrechte Blockbegrenzungsflächen zur Erleichterung des Arbeitsvorgangs sehr verlockend, doch sind sie besonders im Bereich des luftseitigen Mauerfußes

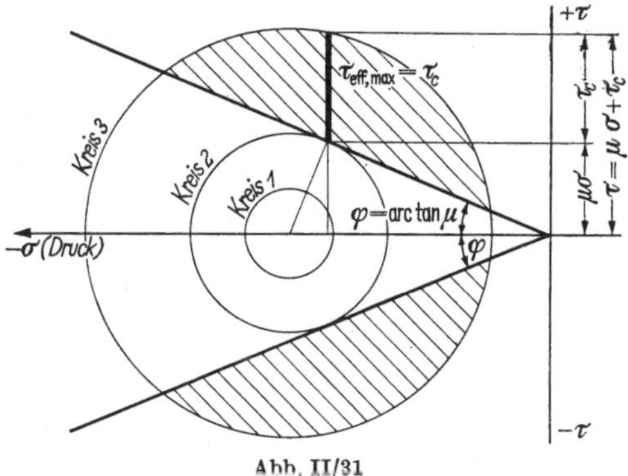

Abb. II/31

sehr gefährlich, da ihre Richtung beinahe mit der der Winkelhalbierenden in den zu vermeidenden Zonen übereinstimmt; dies läßt sich an Hand der Untersuchung eines Mauerhorizontes in einer dreieckförmigen Mauer (ohne Kronenaufsatz), s. Abb. II/33, MOHRscher Kreis für

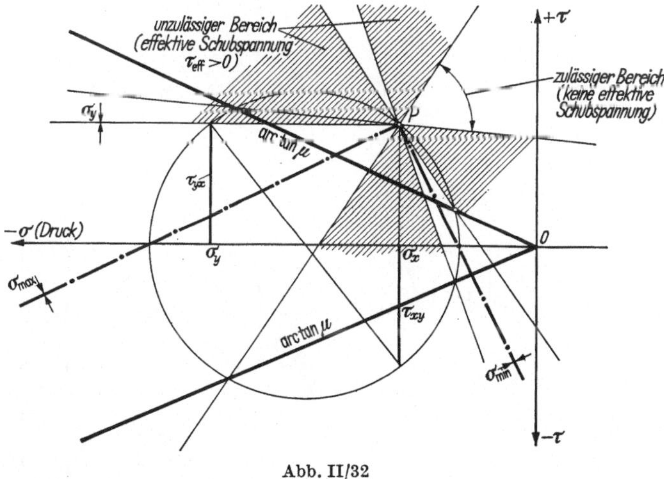

Abb. II/32

Punkt E, leicht zeigen. In Abb. II/33 ist auch zu ersehen, daß die Verhältnisse für horizontale Anschlußflächen im Inneren des Mauerkörpers wesentlich günstiger sind.

Zusammenfassend läßt sich sagen, daß im Hinblick auf die Gestaltung der Arbeitsfugen und den Betoniervorgang die in der Mauerscheibe auftretenden Schubspannungen eine gesonderte Betrachtung verdienen

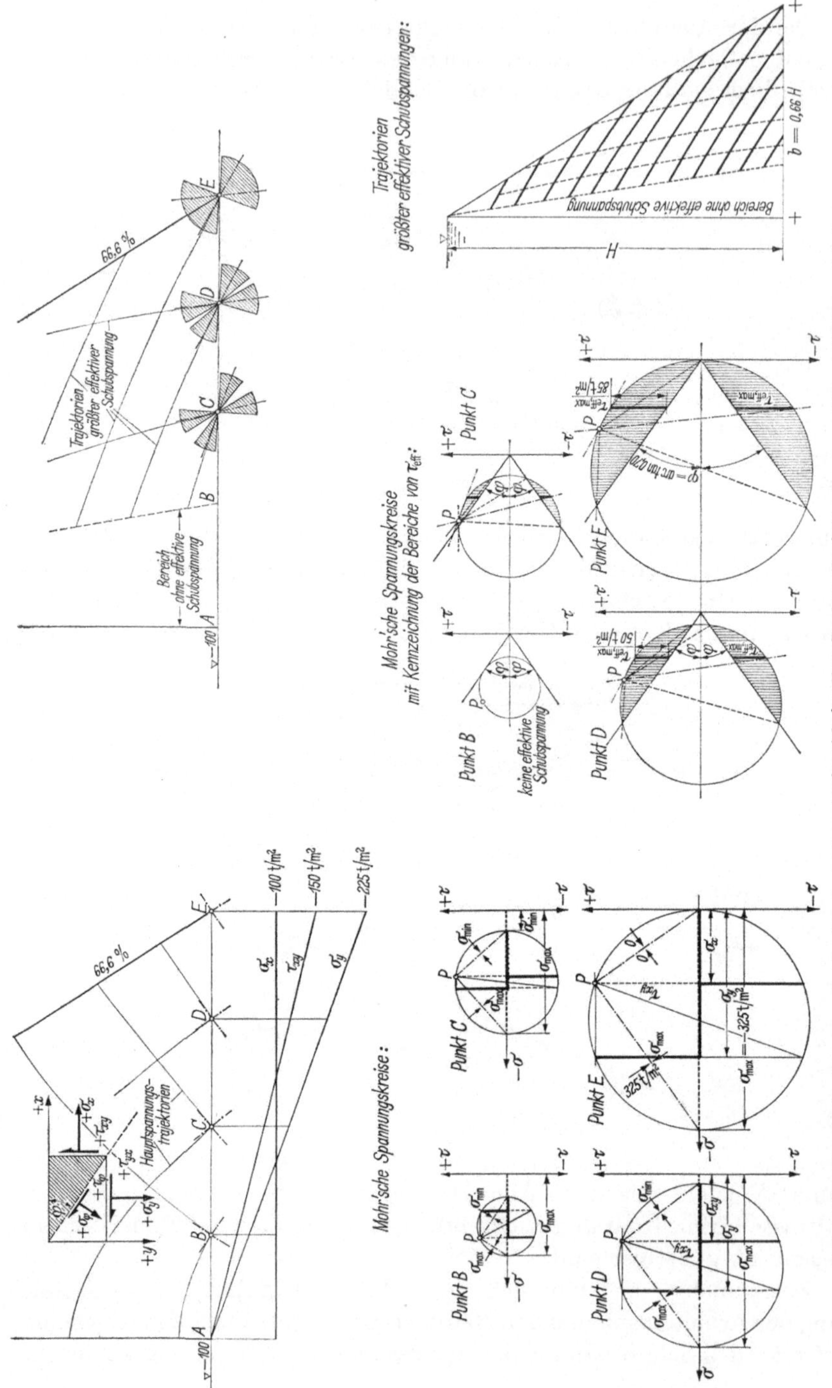

Abb. II/33. MOHRsche Spannungskreise für einen Mauerhorizont bei vollem Becken. Trajektorien der größten effektiven Schubspannungen

(s. a. Abschn. II/B 6b). Bei sorgfältiger Bauausführung können hohe Werte von $\mu = \tan \varphi$ erzielt werden, was wesentlich zur Sicherung einer einwandfreien Kraftübertragung in den Arbeitsfugen beiträgt.

e) Trajektorien der Hauptspannungen

Ein anschauliches Bild des „Kraftflusses" wird durch die Trajektorien der Hauptnormalspannungen erhalten. Durch Gl. (II/77) sind in jedem Punkt der Mauerscheibe die Richtungen der Hauptnormalspannungen, bezogen auf ein festes Achsenkreuz xy, festgelegt. Zeichnen wir Linien, die in jedem Punkt eine Tangentenrichtung besitzen, welche der Richtung einer Hauptnormalspannung entspricht, so erhalten wir die Trajektorien, auch Hauptspannungslinien oder Hauptdehnungslinien genannt. Wir unterscheiden demnach zwei Scharen von Hauptnormalspannungstrajektorien, die sich rechtwinklig kreuzen. Sie sind dadurch gekennzeichnet, daß auf den durch sie bestimmten Flächen innerhalb der Scheibe keine Schubkraft übertragen und diese selbst in Bereiche reiner Druck- und Zugübertragung zerlegt wird. Wir können sie somit auch als Kraftwirkungslinien auffassen, die bei elastischer Verformung stets senkrecht zueinander stehen. In diesem Zusammenhang sei erwähnt, daß die inneren Gesetze der Trajektorien nicht so einfach sind wie die der Stromlinien bei einer ebenen Potentialströmung.

Die Gestalt der Trajektorien läßt sich nur in sehr einfachen Fällen in analytisch gebundener Form mittels einer Gleichung $x = f(y)$ darstellen. Im allgemeinen können wir für diese lediglich die Differentialgleichung angeben. Da $\tan \varphi = \dfrac{dy}{dx}$ ist, ergibt sich aus Gl. (II/77)

$$\tan 2\varphi = \frac{2 \tan \varphi}{1 - \tan^2 \varphi} = \frac{2\tau_{xy}}{\sigma_x - \sigma_y},$$

die Differentialgleichung

$$2 \frac{dy}{dx} = \left\{ 1 - \left(\frac{dy}{dx}\right)^2 \right\} \cdot \frac{2\tau_{xy}}{\sigma_x - \sigma_y},$$

somit

$$\left(\frac{dy}{dx}\right)^2 + \frac{dy}{dx} \cdot \frac{\sigma_x - \sigma_y}{\tau_{xy}} - 1 = 0 \qquad\qquad \text{(II/84)}$$

und daraus

$$\frac{dy}{dx} = \frac{\pm \sqrt{(\sigma_x - \sigma_y)^2 + 4\tau_{xy}^2} - (\sigma_x - \sigma_y)}{2\tau_{xy}}. \qquad\qquad \text{(II/85)}$$

Die beiden Vorzeichen vor der Wurzel entsprechen den beiden orthogonalen Linienscharen. Für die unendlich hohe dreieckförmige Staumauer kann die Lösung dieser Differentialgleichung in strenger Form gegeben werden.

In ähnlicher Weise wie für die Hauptnormalspannungen erhalten wir auch zwei Scharen von Trajektorien für die Hauptschubspannungen

(Hauptschublinien), welche zum System der Hauptnormalspannungstrajektorien um 45° versetzt sind. Von größerer Bedeutung für das Bauwerk sind jedoch die Hauptnormalspannungslinien (Abb. II/34) und
die im vorigen Abschnitt (II/B 5d)
erwähnten Trajektorien der effektiven Schubspannungen.

f) Spannungszustand unter Berücksichtigung der Baugrundverformung

α) **Allgemeine Gesichtspunkte
über die Anwendung der Elastizitätstheorie und von Modellversuchen.**
Bei unseren bisherigen Betrachtungen zur Berechnung des Spannungszustandes haben wir stillschweigend
vorausgesetzt, daß die Einspannungsverhältnisse die Spannungsvertei-

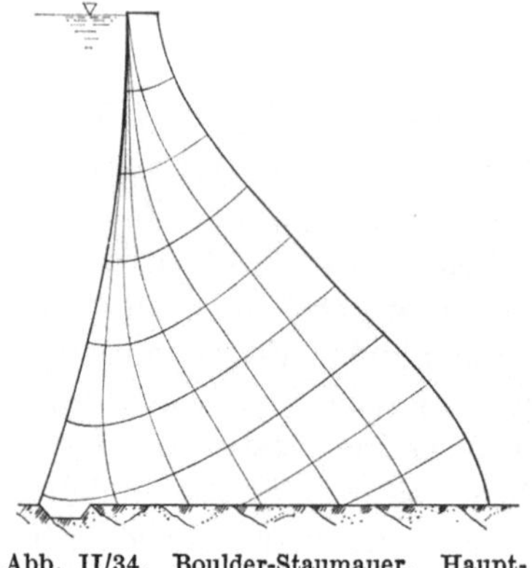

Abb. II/34. Boulder-Staumauer. Hauptnormalspannungstrajektorien

lung im Mauerkörper nicht beeinflussen. Vorausgreifend mag bemerkt
werden, daß diese Annahme für den oberen Teil des Mauerblocks (obere
zwei Drittel) praktisch zutrifft, im unteren Mauerteil (unteres Drittel)
nahe der elastischen Einspannung jedoch nicht mehr entspricht, da die
dem Spannungszustand der unendlich hohen Mauer zugehörigen Verformungen auf Höhe der Kontaktfläche mit denen des Baugrunds keineswegs übereinstimmen (Kompatibilitäts- oder Verträglichkeitsbedingung
wird nicht erfüllt). Beim Übergang der Staumauer auf den unendlich
ausgedehnten Halbraum stoßen zwei in ihrem Verhalten gänzlich verschiedene Bereiche aufeinander. Während sich die Kräfte im Mauerblock nur wenig ausbreiten können, ist die Kraftausbreitung im Gründungsfels nach allen Richtungen unbehindert möglich. Aus diesem
Grunde nehmen auch die Spannungen im Gründungsfels in einiger Entfernung von der Kontaktfläche rasch ab. Die nicht einfache Untersuchung des Einflusses der Einspannungsverhältnisse auf den Spannungszustand im Mauerkörper kann grundsätzlich unter Anwendung von
rechnerischen oder experimentellen Methoden erfolgen.

Um eine derartige Untersuchung überhaupt durchführen zu können,
sehen wir uns veranlaßt, für den Mauerkörper und namentlich für den
Gründungsfels weitgehende Vereinfachungen anzunehmen. Wir wollen
daher im folgenden voraussetzen, daß die Sperre mit dem Gründungsfels einen elastisch isotropen und homogenen Körper formt. Diese Annahmen stimmen mit der Wirklichkeit selbstverständlich nur näherungsweise überein. Bekannt sind die Eigenschaften des Betons, welcher das Hooksche Gesetz nur annähernd erfüllt, zum Kriechen neigt

und einen Elastizitätsmodul aufweist, der vom hygroskopischen Zustand abhängt. Was die Gebirgseigenschaften des Gründungsfelsens betrifft, so ist es im Hinblick auf seine natürlichen heterogenen Eigenschaften keineswegs einfach, einigermaßen zutreffende elastische Konstante anzunehmen, die seinem tatsächlichen Verhalten, unter Berücksichtigung der Schichtung, Klüftung und Auswirkung von Injektionen, gerecht werden. Der Wahl von möglichst zutreffenden Werten der elastischen Konstanten E und μ, welche die Spannungsverteilung im Gründungsbereich wesentlich beeinflussen, kommt daher große Bedeutung zu. Eine Abschätzung dieser Werte wird um so schwieriger, da die Meßwerte naturgemäß starke Schwankungen aufweisen (vgl. Abschn. I/8). Im allgemeinen ist E_{Fels} immer kleiner als E_{Beton}, so daß die Verhältniszahl $n = \dfrac{E_{\mathrm{Fels}}}{E_{\mathrm{Beton}}}$ je nach Gesteinsgüte Werte zwischen 0,2 und 1,0 annimmt. Da die Schwankungen für die Querdehnungszahl $\mu = \dfrac{1}{m}$ wesentlich geringer sind, kann für die POISSONsche Konstante meist ein gleichbleibender Wert $m = 6$ für Beton und Felsmasse angenommen werden. Diese Tatsache ist für die Berechnung nach der Elastizitätstheorie und für die richtige Übertragung der Ergebnisse von Modellversuchen nicht bedeutungslos, da die Erfüllung des POISSONschen Modellgesetzes ($m_{\mathrm{Modell}} = m_{\mathrm{Bauwerk}}$) die Untersuchung wesentlich vereinfacht.

Modellversuche lassen sich sowohl mit Hilfe ebener oder räumlicher Modelle durchführen; sie bilden für den entwerfenden Ingenieur ein wertvolles Hilfsmittel und sind heute bei der Planung von Sperrenwerken nicht mehr wegzudenken. Da sie einem eigenen Fachgebiet angehören, soll hier nur auf einige Möglichkeiten der Anwendung hingewiesen werden. Ebene Versuche werden am günstigsten spannungsoptisch durchgeführt, wobei es auch möglich ist, das Felsgefüge und verschiedene Eigenschaften des Gesteins zwischen Bankungs- und Kluftflächen nachzubilden. Die Möglichkeit hierzu ergibt sich, wenn man zur Herstellung des Modells durchsichtige Kunstharze verschiedener Eigenschaften verwendet. Räumliche Versuche, bei denen man den Einfluß der Talflanken berücksichtigt, werden meist mittels Modellen aus Gips-Kieselgur, Beton-Sandgemisch oder Kunstharzmörtel durchgeführt. Auch hier ergibt sich die Möglichkeit, durch verschiedene Mischungsverhältnisse Unterschiede im Elastizitätsmodul von Beton und Fels modellmäßig nachzubilden. Es besteht auch die Möglichkeit, sich bei räumlichen Versuchen der Spannungsoptik zu bedienen.

Mathematische Untersuchungen können mit Hilfe der Elastizitätstheorie durchgeführt werden. Um zu einer zweidimensionalen Betrachtung des Problems zu gelangen, denken wir uns den scheibenförmigen, durch atmende Fugen begrenzten Mauerblock in die Tiefe verlängert und erhalten so den zugehörigen Halbraum des Gründungsfelsens. Im Hinblick auf die Elastizitätstheorie herrscht in der Mauerscheibe ein ebener Spannungszustand ($\sigma_z = 0$), im ebenen Halbraum des Gründungsfelsens jedoch ein ebener Formänderungszustand ($\varepsilon_z = 0$). Trotz der umfangreichen Rechenarbeiten erscheint dem Verfasser der von O. C. ZIENKIEWICZ [77] beschrittene Weg als der einfachste und zuverlässigste. Der Grundgedanke dieses Verfahrens ist, die Untersuchung nur auf jenen Teil des Gründungsbereiches auszudehnen, wo die Störungen in der Spannungsverteilung infolge der elastischen Einspannung sich nicht mehr auswirken. Nach dem Prinzip von DE SAINT-VENANT hängt die Spannungsverteilung am Rande dieses Bereichs hauptsächlich von der

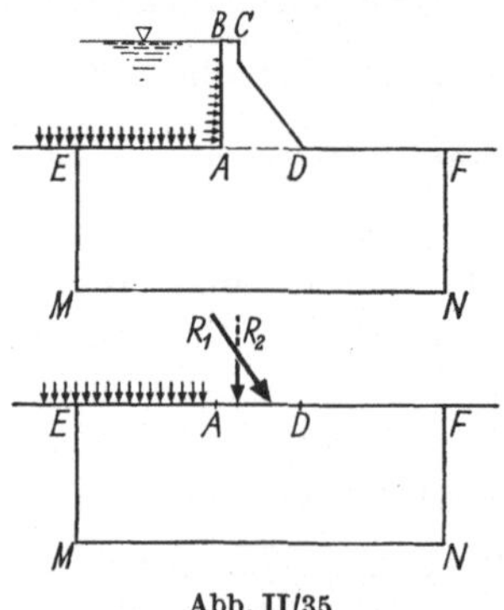
Abb. II/35

Größe und Lage der Resultierenden und nicht von der örtlichen Spannungsverteilung in der Kontaktfläche ab. In einer Tiefe von der Größenordnung der Basisbreite und in einer ebensolchen Entfernung vom wasser- und luftseitigen Mauerfußpunkt können wir daher eine Spannungsverteilung annehmen, wie sie aus den von BOUSSINESQ angegebenen Beziehungen für eine Elementarbelastung des elastisch isotropen Halbraums hervorgeht (Abb. II/35). Auf Grund dieser Annahme können sämtliche zu berücksichtigenden Lastfälle berechnet werden; es ist auch möglich, den Einfluß des Druckes der Wasserlast auf den Talboden in die Berechnung miteinzubeziehen. Andererseits kann praktisch jede gewünschte Genauigkeit der Untersuchung erreicht werden, wenn man die Begrenzung des Gründungsbereiches genügend weit ausdehnt. Beruhend auf Erkenntnissen der Felsmechanik läßt sich die Untersuchung von Sperre und Gründung unter gewissen Voraussetzungen auch mit Berücksichtigung der heterogenen Eigenschaften des Gebirges durchführen.

β) **Grundlagen einer Berechnung nach der mathematischen Elastizitätstheorie.** Bekanntlich läßt sich die Spannungsverteilung bei Scheibenproblemen (ebener Spannungszustand und ebener Formänderungszustand) durch eine Spannungsfunktion $F(xy)$ bestimmen, welche folgender Differentialgleichung vierter Ordnung

$$V^4 F = \frac{\partial^4 F}{\partial x^4} + 2\,\frac{\partial^4 F}{\partial x^2\,\partial y^2} + \frac{\partial^4 F}{\partial y^4} = 0 \qquad (\text{II}/86)$$

(Scheibengleichung für rechtwinkelige Koordinaten)

genügen muß.

Für den allgemeinen Fall mit Volumskräften konstanter Größe, g_x und g_y, sind die Spannungen σ_x, σ_y, τ_{xy} (Abb. II/36) durch folgende Differentialgleichung zweiter Ordnung festgelegt

$$\sigma_x = \frac{\partial^2 F}{\partial y^2} - g_x \cdot x - g_y \cdot y, \qquad (II/87/1)$$

$$\sigma_y = \frac{\partial^2 F}{\partial x^2} - g_x \cdot x - g_y \cdot y, \qquad (II/87/2)$$

$$\tau_{xy} = - \frac{\partial^2 F}{\partial x \, \partial y}. \qquad (II/87/3)$$

In den meisten praktischen Fällen ist jedoch das Eigengewicht des scheibenförmigen Körpers die einzige vorhandene Massenkraft, so daß sich diese Beziehungen dementsprechend vereinfachen.

Für die in Abb. II/37 dargestellten Elementarlastfälle des Halbraums, die zur Beschreibung der Kraftwirkungen der prakti-

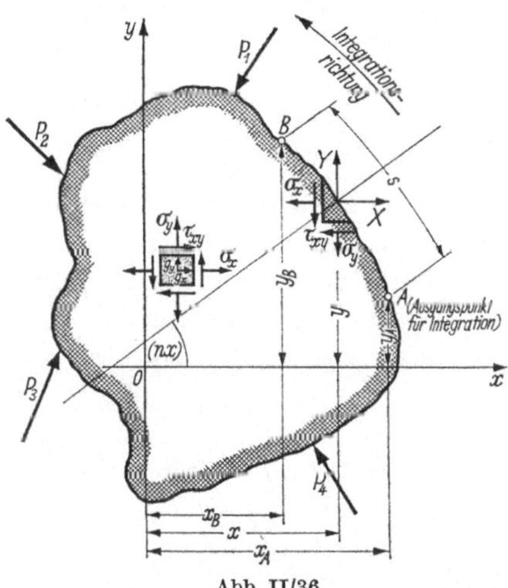

Abb. II/36

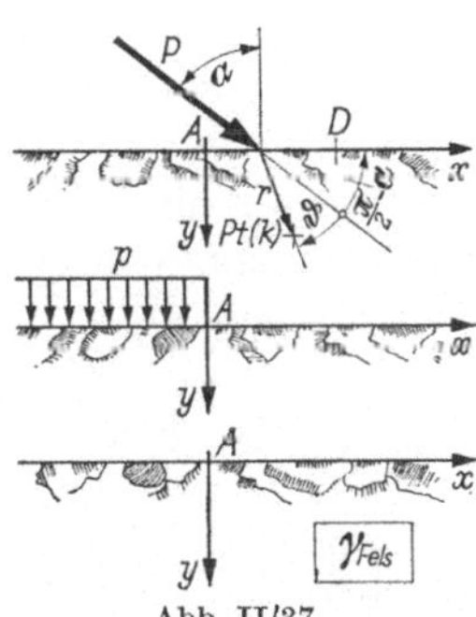

Abb. II/37

schen Lastfälle nötig sind, sind die Spannungsfunktionen bekannt; sie lauten:

für eine schräge Linienlast P [30]

$$F_1 = - \frac{P}{\pi} \cdot r \cdot \vartheta \cdot \sin \vartheta, \qquad (II/88)$$

für einen unendlich langen Gleichlaststreifen (von A nach ∞) [55]

$$F_2 = + \frac{p r^2}{4\pi} (\sin 2\vartheta - 2\vartheta)$$

$$= - \frac{p}{2\pi} \left\{ (x^2 + y^2) \arctan \left(\frac{y}{x} \right) - xy \right\}, \qquad (II/89)$$

für das Gewicht des Gründungsmassivs [62]

$$F_3 = - \frac{\mu}{1 - \mu} \cdot \gamma_f \cdot \frac{y^3}{6}. \qquad (II/90)$$

Damit können in sämtlichen Punkten der Berandung des Gründungsbereichs $AEMNFD$ in Abb. II/35 die Spannungsfunktion F (bei vollem Becken aus der Summe von F_1, F_2 und F_3) und deren Ableitungen $\frac{\partial F}{\partial x}$ und $\frac{\partial F}{\partial y}$ berechnet werden. Mit Hilfe bekannter Beziehungen aus der Scheibentheorie lassen sich diese Werte unter Berücksichtigung der Belastung auch entlang der Berandung des Mauerblocks $ABCD$ berechnen. Sie gehen aus der Betrachtung eines Randelementes von der Länge ds und den Koordinaten (x, y) hervor. Mit den vorhandenen Randkräften, $X \cdot ds$ und $Y \cdot ds$, lassen sich für die Gleichgewichtsbedingungen folgende Gleichungen anschreiben, wobei wir das Moment der Randkräfte, positiv in Richtung gegen den Uhrzeigersinn um den Ursprung O, auf den Randpunkt $B(x_B, y_B)$ beziehen wollen.

$$\sigma_x \cdot dy - \tau\, dx = H\, ds, \tag{II/91}$$

$$\sigma_y \cdot dx - \tau\, dy = -V \cdot ds, \tag{II/92}$$

$$(\sigma_x \cdot dy - \tau\, dx)\,(y_B - y) + (\sigma_y\, dx - \tau\, dy)\,(x_B - x) = dM. \tag{II/93}$$

Die Beiträge der Volumskräfte können, da sie von höherer Ordnung sind, außer acht gelassen werden. Setzen wir die Ausdrücke für die Spannungskomponenten nach Gl. (II/87) in die erhaltenen Beziehungen ein und führen wir die Integration vom Randpunkt A entlang des Randes in positiver Richtung gegen den Punkt B durch, ergeben sich folgende Gleichungen:

$$\left(\frac{\partial F}{\partial y}\right)_B - \left(\frac{\partial F}{\partial y}\right)_A = \int_A^B H\, ds + g_x \int_A^B x\, dy + g_y \int_A^B y \cdot dy, \tag{II/94}$$

$$\left(\frac{\partial F}{\partial x}\right)_B - \left(\frac{\partial F}{\partial x}\right)_A = -\int_A^B V \cdot ds + g_x \int_A^B x \cdot dx + g_y \int_A^B y \cdot dx, \tag{II/95}$$

$$(F_B - F_A) - (x_B - x_A)\left(\frac{\partial F}{\partial x}\right)_A - (y_B - y_A)\left(\frac{\partial F}{\partial y}\right)_A$$
$$= M_B + \int_A^B (x \cdot g_x + y \cdot g_y)\,\{(x_B - x)\, dx + (y_B - y)\, dy\}, \tag{II/96}$$

worin M_B das Moment der innerhalb der Randlänge angreifenden Randlasten darstellt; die Integrale $\int H \cdot ds$ und $\int V \cdot ds$ sind nichts anderes als die Komponenten der Querkraft im Punkte B, die wir mit Q_x und Q_y bezeichnen wollen. Diese Gleichungen lassen sich noch etwas vereinfachen, da das Hinzufügen konstanter oder linearer Glieder in x und y zur Spannungsfunktion keinen Einfluß auf die Spannungsberechnung hat. Der Punkt A kann daher als Ausgangspunkt der Integration immer so gewählt werden, daß

$$F_A = \left(\frac{\partial F}{\partial x}\right)_A = \left(\frac{\partial F}{\partial y}\right)_A = 0. \tag{II/97}$$

Somit kön nen wir für die Randgleichungen (II/94), (II/95) und (II/96) auch schreiben:

$$\left(\frac{\partial F}{\partial y}\right)_B = + Q_x + g_x \int\limits_{A=0}^{B} x\, dy + \frac{1}{2}\, g_y \cdot y_B^2, \qquad (\text{II}/98)$$

$$\left(\frac{\partial F}{\partial x}\right)_B = - Q_y + \frac{1}{2} \cdot g_x \cdot x_B^2 + g_y \int\limits_{A=0}^{B} y \cdot dx, \qquad (\text{II}/99)$$

$$F_B = M_B + g_x \int\limits_{A=0}^{B} (y_B - y)\, x\, dy + g_y \int\limits_{A=0}^{B} (x_B - x)\, y\, dx$$
$$+ \frac{1}{6} \cdot g_x \cdot x_B^3 + \frac{1}{6}\, g_y \cdot y_B^3 . \qquad (\text{II}/100)$$

Diese Ausdrücke für die Randbedingungen sind besonders wertvoll, wenn man sich mit einer Näherungslösung des Problems zufrieden gibt und versucht, die Randbedingungen in einer Anzahl von Punkten der Berandung zu erfüllen.

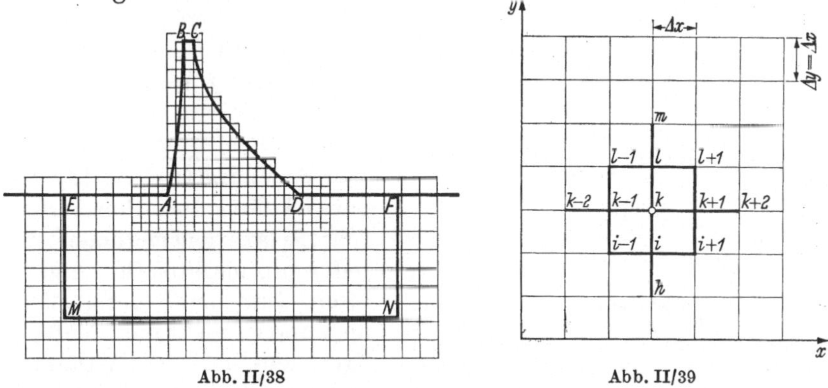

Abb. II/38   Abb. II/39

Das vorliegende Randwertproblem ist gelöst, wenn es gelingt, jene Funktion $F(xy)$ zu bestimmen, welche die Scheibengleichung (II/86) mit Berücksichtigung der Randbedingungen erfüllt. Da die Randbedingungen häufig große mathematische Schwierigkeiten mit sich bringen, ist eine Lösung in analytisch gebundener Form für zur Ausführung bestimmte Mauerformen kaum möglich. Aus diesem Grunde ersetzen wir die Differentialquotienten durch Differenzenquotienten und vollziehen den Übergang vom Kontinuum des betrachteten Bereiches auf ein Netz mit quadratischen Maschen (Abb. II/38). Im Bereiche starker Variationen der Funktion wird das Netz engmaschiger gewählt. Die Scheibengleichung für den Punkt (k) in Differenzform lautet (Abb. II/39):

$$V^4 F \stackrel{\textstyle =}{=} 20 F_k - 8(F_{k-1} + F_{k+1} + F_i + F_l)$$
$$+ 2(F_{l-1} + F_{l+1} + F_{i+1} + F_{i-1}) \qquad (\text{II}/101)$$
$$+ (F_{k-2} + F_{k+2} + F_h + F_m) = 0.$$

Zur Berechnung der Randwerte in den Netzpunkten des Gründungsbereichs benützen wir fallweise die Gln. (II/88), (II/89) und (II/90); für die Berandung der Mauerscheibe hingegen verwenden wir die Gln. (II/98), (II/99) und (II/100). Ausgehend vom Punkt A (oder D), der sowohl der Gründung als auch der Mauerscheibe angehört, lassen sich somit schrittweise sämtliche Randwerte und Ableitungen der Spannungsfunktion entlang des Randes $ABCD$ berechnen. Dabei ergibt sich eine wertvolle Kontrolle, da wir im Punkt D (oder A) die bekannten Werte wiederfinden müssen. Mit Berücksichtigung der Randbedingungen erhalten wir somit für den ganzen Bereich ein System von linearen Gleichungen entsprechend der Anzahl der Netzpunkte. Dieses Gleichungssystem läßt sich mit Hilfe des von R. V. Southwell [27, 28] entwickelten Iterationsverfahren (Relaxationsmethode) mit jeder gewünschten Genauigkeit lösen. Der hierzu nötige Zeitaufwand ist nicht unbedeutend. Trotzdem ist das Verfahren noch rascher als direkte Methoden, da die Anzahl der Gleichungen sehr groß ist. Bemerkt sei, daß sich die Relaxationsmethode auch bei wesentlich schwierigeren Randwertaufgaben mit Vorteil verwenden läßt [60]. Mit den somit in allen Netzpunkten des Spannungsfeldes bekannten Funktionswerten kann die Spannungsberechnung nach Gl. (II/87) erfolgen, wobei die Differentiale ebenfalls durch finite Differenzen ersetzt werden.

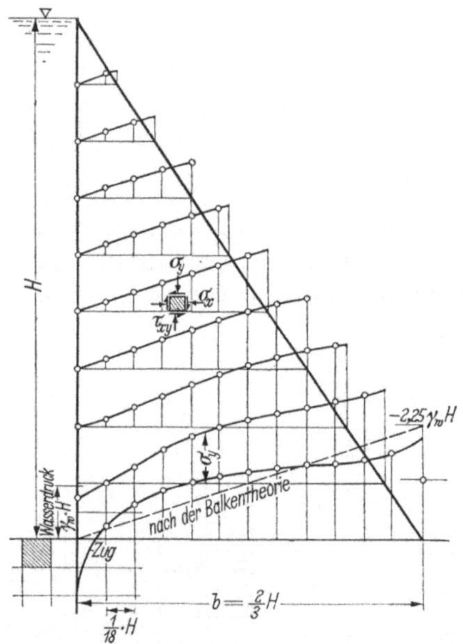

Abb. II/40. Gewichtsstaumauer mit Dreieckprofil. Lastfall volles Becken (ohne Sohlenwasserdruck); Raumgewicht des Betons $\gamma_b = 2,25\ \text{t/m}^3$. Normalspannungen σ_y in Horizontalschnitten $y = \text{const}$

$$\sigma_x = \frac{\partial^2 F}{\partial y^2} - g_x \cdot x - g_y \cdot y \rightarrow \frac{F_l - 2F_k + F_i}{\Delta y^2} - g_x \cdot x - g_y \cdot y, \quad \text{(II/102/1)}$$

$$\sigma_y = \frac{\partial^2 F}{\partial x^2} - g_x \cdot x - g_y \cdot y \rightarrow \frac{F_{k+1} - 2F_k + F_{k-1}}{\Delta x^2} - g_x \cdot x - g_y \cdot y, \quad \text{(II/102/2)}$$

$$\tau_{xy} = -\frac{\partial^2 F}{\partial x\,\partial y} \rightarrow \frac{F_{i+1} + F_{l-1} - F_{i-1} - F_{l+1}}{4\Delta x \cdot \Delta y}. \quad \text{(II/102/3)}$$

In den Abb. II/40, II/41 und II/42 sind auszugsweise einige Ergebnisse der von O. C. Zienkiewicz [77] für ein dreieckförmiges Mauerprofil mit vertikaler Stauwand ohne Kronenaufsatz durchgeführten Spannungsberechnung für den Lastfall volles Becken ohne Berücksich-tigung der Auftriebswirkungen wiedergegeben. Das Einheitsgewicht des Betons und des Gründungsfelsens wurde mit 2,25 t/m³ angenommen. Die Drucklinie im Mauerkörper geht in diesem Falle auf jedem Mauerhorizont durch den luftseitigen Kernpunkt.

γ) Zusammenfassung. Aus dem in den Abb. II/40, II/41 und II/42 dargestellten Spannungsverlauf ist deutlich der Einfluß der elastischen Einspannung der Mauerscheibe im Gründungsfels zu erkennen. Die größten Abweichungen von einer Spannungsverteilung berechnet nach der Balkentheorie ergeben sich, wie zu erwarten ist, in der Gründungssohle (Kontaktfläche Beton—Fels). Für höher gelegene Mauerhorizonte werden sie geringer, und man kann feststellen, daß sich die Einspannungsverhältnisse hauptsächlich nur im unteren Mauerteil, ungefähr im unteren Drittel, auswirken. In dem weitaus größeren Bereich, obere zwei Drittel, entspricht die Spannungsverteilung praktisch der der Balkentheorie. Wie theoretische Untersuchungen und spannungsoptische Versuche bestätigten, ist diese Feststellung auch für

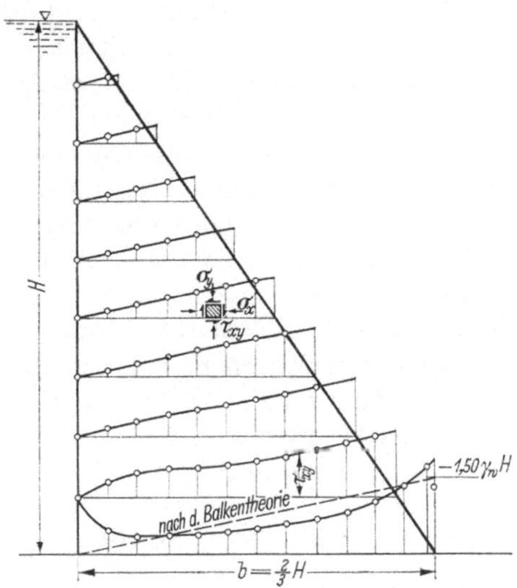

Abb. II/41. Gewichtsstaumauer mit Dreieckprofil. Lastfall volles Becken (ohne Sohlenwasserdruck); Raumgewicht des Betons $\gamma_b = 2{,}25$ t/m³. Tangentialspannungen τ_{xy} in Horizontalschnitten $y = \text{const}$

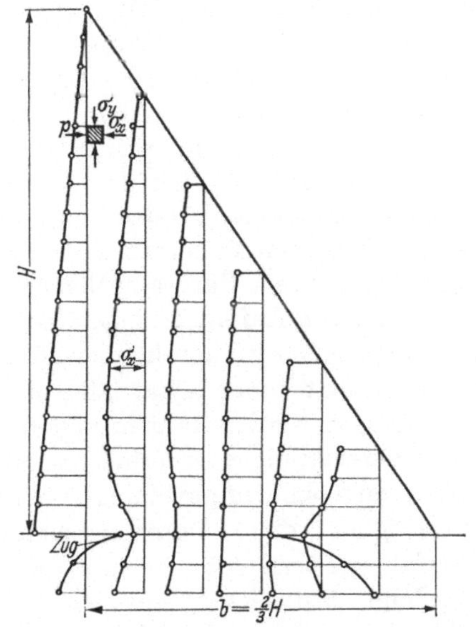

Abb. II/42. Gewichtsstaumauer mit Dreieckprofil. Lastfall volles Becken (ohne Sohlenwasserdruck); Raumgewicht des Betons $\gamma_b = 2{,}25$ t/m³. Normalspannungen σ_x in Vertikalschnitten $x = \text{const}$

Profilformen, die nicht zu stark von der dreieckigen Form abweichen, gültig.

Von besonderem Interesse sind die Spannungskonzentrationen, die sich um den wasser- und luftseitigen Mauerfußpunkt ausbilden und nicht zu vermeiden sind. Theoretisch müßten die Spannungen in einspringenden Ecken mit spitzem oder stumpfem Winkel unendlich groß werden, damit der Verträglichkeitsbedingung für die Formänderungen entsprochen wird. Diese unendlichen Werte, die ein vollkommen elastisches Verhalten des Baustoffes voraussetzen, können sich jedoch infolge der plastischen Verformungen von Beton und Fels nicht einstellen. Einspringende Ecken stellen daher Singularitäten dar, die den Annahmen im Rahmen der Elastizitätstheorie hinsichtlich des Verhaltens des Baustoffs nicht entsprechen. Eine streng richtige Spannungsverteilung läßt sich mit Hilfe der Elastizitätstheorie nicht berechnen, wenn in gewissen Bereichen des Spannungsfeldes plastische Verformungen auftreten. Man kann sich jedoch leicht vorstellen, daß die Spannungen in der plastischen Zone rasch absinken und beim Übergang in den elastischen Bereich wieder anwachsen. Da die theoretisch ermittelten Spannungsspitzen sich nur auf einen sehr engen Bereich begrenzen, kann man annehmen, daß sie sich hauptsächlich nur in dieser Zone auswirken und, im ganzen gesehen, ihr Einfluß auf die Spannungsverteilung gering ist; sie beeinflussen daher nur wenig die zur Aufrechterhaltung des Gleichgewichts nötigen Spannungen. Will man erreichen, daß diese Extremwerte der Spannungen im elastischen Bereich bleiben, so sind starke Ausrundungen der Ecken vorzusehen.

Die Vereinfachungen, die dem beschriebenen Verfahren zugrunde liegen, lassen erkennen, daß es sich bei den erhaltenen Ergebnissen nur um eine grobe Abschätzung der tatsächlichen Verhältnisse handeln kann. Nimmt man einen großen Zeitaufwand in Kauf, so kann die Berechnung mit finiten Differenzen mit jeder gewünschten Genauigkeit durchgeführt werden. Ein wesentlicher Zeitgewinn kann jedoch erzielt werden, wenn von Anfang an gute Näherungswerte für die Spannungsfunktion angegeben werden können. Ein Nachteil des Verfahrens liegt darin, daß nicht unmittelbar allgemeine Resultate für Vergleichszwecke erhalten werden können und für jeden verschiedenen Lastfall eine neue Berechnung erforderlich ist. Es dürfte daher praktischer sein, sich bei derartigen Untersuchungen der Spannungsoptik zu bedienen, die es ermöglicht, ohne zu großen zusätzlichen Zeitaufwand die Anzahl der Lastfälle zu vermehren, mehrere Mauerformen zu untersuchen und verschiedene elastische Eigenschaften von Mauerscheibe und Gründungsbereich sogar mit Nachbildung des Felsgefüges zu berücksichtigen. Die Genauigkeit der Ergebnisse von Spannungsermittlungen mit Hilfe derartiger Versuche entspricht der, die mit einer Berechnung nach der Elastizitätstheorie, bei Anwendung finiter Differenzen, erzielt werden kann.

Abschließend sei bemerkt, daß die Ergebnisse von Modellversuchen, namentlich von spannungsoptischen Versuchen, mit denen, berechnet mit Hilfe der Elastizitätstheorie, im allgemeinen gut übereinstimmen. Das auf Grund derartiger Untersuchungen ermittelte Spannungsbild, namentlich im unteren Mauerteil, dürfte der Wirklichkeit näher kommen als das, welches aus einer Berechnung mit Hilfe der Balkentheorie hervorgeht. Vergleiche mit Messungen am Bauwerk selbst, die eine Spannungsermittlung mit genügender Genauigkeit ermöglichen, wären von großem Interesse.

g) Verformung der Staumauer und des Baugrundes

Mit Hilfe des in Abschn. 5f γ, S. 92, beschriebenen Rechenverfahrens auf elastizitätstheoretischer Grundlage ist es möglich, im ganzen Bereich der Untersuchung (Mauerscheibe und von der Einspannung interessierter Gründungsfels) die Werte der Spannungsfunktion $F(xy)$ und die der Spannungen selbst aufzufinden. Damit ergibt sich auch die Möglichkeit, die Verformungen der Staumauer an den Außenflächen oder in jedem beliebigen Punkt im Mauerinneren, unter Berücksichtigung der Baugrundverformung, zu berechnen.

Bekanntlich gelten für die Verschiebungskomponenten u, v des ebenen Spannungszustandes in Richtung der Koordinatenachsen die Beziehungen [6]

$$Eu = \int (\sigma_x - \mu\sigma_y)\, dx + \Phi(y), \qquad (\text{II}/103/1)$$

$$Ev = \int (\sigma_y - \mu\sigma_x)\, dy + \Psi(x). \qquad (\text{II}/103/2)$$

Die Integrationskonstanten $\Phi(y)$ und $\Psi(x)$, die bei der Integration nach x bzw. y auftreten, sind nicht unabhängig voneinander, da u und v gemäß der Beziehung

$$\gamma_{xy} = \frac{\partial u}{\partial y} + \frac{\partial v}{\partial x} \qquad (\text{II}/104)$$

untereinander verknüpft sind; sie ergeben sich aus den Randbedingungen unter Berücksichtigung von Gl. (II/104). In diesen Gleichungen können die Spannungskomponenten auch durch die Spannungsfunktion mit Hilfe von Gl. (II/87) ausgedrückt werden.

Für den ebenen Formungszustand gelten die Beziehungen:

$$Eu = (1 - \mu^2) \int \sigma_x \cdot dx - \mu(1 + \mu) \int \sigma_y \cdot dx + \Phi(y), \qquad (\text{II}/104/1)$$

$$Ev = (1 - \mu^2) \int \sigma_y \cdot dy - \mu(1 + \mu) \int \sigma_x \cdot dy + \Psi(x). \qquad (\text{II}/104/2)$$

Die beiden Verschiebungskomponenten sind durch den Ausdruck

$$\frac{\partial u}{\partial y} + \frac{\partial v}{\partial x} = \frac{2(1+\mu)}{E} \cdot \tau_{xy} \qquad (\text{II}/105)$$

untereinander verknüpft.

Damit ist ein nicht müheloser Weg aufgezeichnet, die nicht uninteressanten Formänderungen der Mauer mit Berücksichtigung der Einspannungsverhältnisse theoretisch richtig zu ermitteln.

Für abschätzende Berechnungen kann man auch vom dreieckförmigen Mauerprofil mit vertikaler Stauwand ausgehen, für welches, unter Vernachlässigung der Einspannbedingungen, der Spannungszustand, berechnet nach der Elastizitätstheorie, mit dem nach der Balkentheorie übereinstimmt (s. Abschn. 5h, S. 102). Dem Einfluß der Baugrundverformung kann man Rechnung tragen, indem man von der durch VOGT [33] bewiesenen Tatsache Gebrauch macht, daß die elastische Nachgiebigkeit des Baugrundes in erster Linie von der Größe des Einspannquerschnitts in der Gründungsfuge abhängt; man kann daher mit einer starren Einspannung des Mauerblocks in einer tiefer gelegenen theoretischen Gründungsfuge rechnen, die je nach den elastischen Verhältnissen im Abstand von etwa 30 bis 40% der Basisbreite unterhalb der tatsächlichen Gründungsfuge anzunehmen ist. Für diesen theoretischen Fall lassen sich die Werte der Verschiebungskomponenten, beruhend auf elastizitätstheoretischen Grundlagen, angeben. Werden die Formänderungen bei vollem Becken auf den Verformungszustand der fertigen Mauer im unbelasteten Zustand bezogen, so werden diese lediglich durch den Wasserdruck auf die Stauwand verursacht, wobei wir von der Wirkung einer Sickerströmung absehen wollen. Für die vom Wasserdruck hervorgerufenen Spannungen in einem beliebigen Punkt der Mauerscheibe können wir im Hinblick auf die in Abschn. 5h, S. 111, angegebenen Beziehungen folgende Ausdrücke anschreiben:

$$\sigma_x = -\gamma_w \cdot y, \qquad (\text{II}/106/1)$$

$$\sigma_v = -\gamma_w \left\{ \frac{y}{\tan^2 \varphi} - \frac{2x}{\tan^3 \varphi} \right\}, \qquad (\text{II}/106/2)$$

$$\tau_{xy} = -\frac{1}{\tan^2 \varphi} \cdot \gamma_w \cdot x. \qquad (\text{II}/106/3)$$

Die Ausdrücke für die entsprechenden Verschiebungskomponenten lauten [48]:

$$u = \frac{y}{E} \left\{ \frac{1}{\tan^2 \varphi} - \frac{x}{y} \left(1 + \frac{1}{m \cdot \tan^2 \varphi} \right) + \left(\frac{x}{y} \right)^2 \cdot \frac{1}{m \cdot \tan^3 \varphi} \right\}, \quad (\text{II}/107/1)$$

$$v = \frac{y}{E} \left\{ \frac{1}{2m} + \frac{1}{2 \tan^2 \varphi} - \frac{x}{y} \cdot \frac{2}{\tan^3 \varphi} + \left(\frac{x}{y} \right)^2 \left(\frac{1}{2} - \frac{1}{\tan^3 \varphi} - \frac{1}{2m \tan^2 \varphi} \right) \right\},$$

$$(\text{II}/107/2)$$

worin

E   Elastizitätsmodul des Betons,

m   POISSONsche Konstante für Beton (meist mit 6 angenommen).

Näherungsweise läßt sich die Berechnung der Durchbiegungen auch mit Hilfe der Regeln der Baustatik für ebene Tragwerke durchführen. Die Gleichung der Biegelinie in allgemeiner Form lautet:

$$\delta = \iint \frac{M}{E \cdot J} \cdot ds + \int \frac{\varkappa \cdot Q}{G \cdot F} \cdot ds, \qquad (II/108)$$

darin bedeuten

δ horizontale Verschiebung der Mittellinie des Mauerblocks,

M   Biegemoment in der Vertikalebene,

Q   Querkraft,

F   Querschnitt der horizontalen Schnittfläche,

J   Trägheitsmoment der horizontalen Schnittfläche,

$G = \dfrac{m}{2(1+m)} \cdot E$ Schubmodul oder Gleitmaß des Betons,

$\varkappa$ Schubverteilungsziffer (konstante Formzahl).

Für die praktische Auswertung dieser Formel empfiehlt sich die numerische Integration, da die algebraische Auswertung der Integrale bei beliebiger Querschnittsform zu umständlich wird. Besonders einfache Beziehungen ergeben sich auch hier für das Dreieckprofil mit lotrechter Wasserseite und ohne Kronenaufsatz, wofür wir für die Durchbiegung bei vollem Becken mit $m = 6$ und $\varkappa = 1,2$ folgende Beziehung anschreiben können [18]:

$$\delta = \delta_M + \delta_Q = \frac{\gamma_w \cdot h^2}{E \cdot \tan^2 \varphi} + \frac{0,70\, \gamma_w\, h^2}{E \cdot \tan \varphi}. \qquad (II/109)$$

Die Berücksichtigung der elastischen Nachgiebigkeit des Baugrundes kann wie vorher auch mit Hilfe einer tiefer gelegten theoretischen Einspannung erfolgen. Die zusätzlichen mittleren Verschiebungen und die Berücksichtigung des tatsächlichen Einspannquerschnitts können aber auch, wie dies bei der Berechnung von Bogenstaumauern nach dem Lastaufteilungsverfahren üblich ist, mittels der von VOGT [33, 49, 68 u. a. O.] angegebenen Beziehungen für die Beanspruchung des Halbraums durch die Kraftwirkungen in der Auflagerfläche, Normal-, Querkraft und Biegemoment in der Vertikalebene berechnet werden.

Die angegebenen Beziehungen dienen dazu, die Formänderungen der Mauer zu erfassen. Eine Übereinstimmung der berechneten Werte mit den tatsächlichen Meßwerten am ausgeführten Bauwerk ist allerdings kaum zu erwarten, da diese nicht nur von der hydrostatischen Belastung und der tatsächlichen Gebirgsnachgiebigkeit, sondern auch vom Temperaturwechsel und anderen physikalischen Realitäten abhängen, zu deren Erfassung wir idealisierende und vereinfachende Annahmen treffen müssen.

Abschließend sei noch darauf hingewiesen, daß zur Bestimmung der Verformungen der Staumauer selbstverständlich auch der Versuchsweg beschritten werden kann. Da gewisse Einflüsse sich bei einem Modellversuch besser erfassen lassen als bei der Berechnung, kann man hoffen, daß im allgemeinen die Übereinstimmung zwischen Meßwerten am Modell und am Bauwerk befriedigender ist.

h) Untersuchung des Spannungszustandes von Gewichtsmauern mit Dreieckprofil

Ein annähernd dreieckförmiger Querschnitt der Staumauer mit vertikaler Stauwand und aufgesetzter Krone kann als eine Art Regelquerschnitt betrachtet werden. Aus diesem Grunde und der Anschaulichkeit halber wollen wir im folgenden diese Profilform im Hinblick auf das Vorhergesagte etwas eingehender untersuchen.

α) Bemessung und Bestimmung der Basisbreite

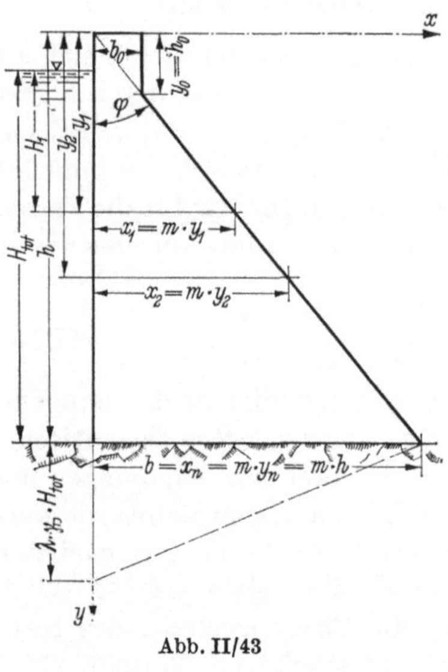

Abb. II/43

I. Bemessung nach der Balkentheorie — Hauptlastfall volles Becken. Wir wollen unserer Untersuchung einen dreieckförmigen Mauerblock mit lotrechter Stauwand und mit einem Kronenaufsatz nach Abb. II/43 zugrunde legen und als Bemessungsgrundlage den Hauptlastfall volles Becken heranziehen. Mit den Bezeichnungen der erwähnten Abbildung und den Verhältniszahlen

$$m = \frac{b_n}{h_n} = \frac{b_0}{h_0} \quad \text{und} \quad \zeta = \frac{b_0}{b} = \frac{h_0}{h}$$

ergeben sich für die von den einzelnen Kraftwirkungen an der Luft- und Wasserseite der Mauerscheibe hervorgerufenen vertikalen Normalspannungen die in Tab. II/1 angegebenen Werte.

Für den Hauptlastfall volles Becken errechnet sich die wasserseitige Normalspannung auf jedem Mauerhorizont aus der Summe der einzelnen Kraftwirkungen nach Tab. II/1 zu:

$$(\sigma_y)_w = -\gamma_b \cdot y + 2\gamma_b \cdot \zeta \cdot h_0(1-\zeta) + \gamma_w \cdot y \left(\frac{y}{x}\right)^2 + \gamma_w \cdot \lambda \cdot y$$

$$= -\gamma_b \cdot y - 2\gamma_b \cdot \zeta \cdot h_0(1-\zeta) + \gamma_w \cdot y \cdot \frac{1}{m^2} + \gamma_w \cdot \lambda \cdot y . \tag{II/110}$$

Tabelle II/1. *Normalspannungen* σ_y

Kraftwirkung	Normalspannungen σ_y	
	Wasserseite	Luftseite
Eigengewicht des Grunddreiecks der Mauerscheibe von 1 m Dicke	$-\gamma_b \cdot y$	0
Eigengewicht des Kronenaufsatzes	$-2\gamma_b \cdot \zeta \cdot h_0(1-\zeta)$	$+\gamma_b\, \zeta \cdot h_0(1-2\zeta)$
Wasserdruck auf Stauwand	$+\gamma_w \cdot H\left(\dfrac{H}{x}\right)^2$	$-\gamma_w \cdot H\left(\dfrac{H}{x}\right)^2$
Sohlen- oder Fugenwasserdruck	$+\gamma_w \cdot \lambda \cdot H$	0

Für die für die Bemessung maßgebende Gründungsfuge ist $y = h = H$ zu setzen. Die Stabilitätsbedingung nach Abschn. 2, S. 68, ist erfüllt, wenn $(\sigma_y)_w = 0$ ist; damit erhalten wir aus Gl. (II/110)

$$-\gamma_b - 2\gamma_b \cdot \zeta^2(1-\zeta) + \gamma_w \cdot \frac{1}{m^2} + \gamma_w \cdot \lambda = 0$$

und daraus

$$\lambda = \frac{\gamma_b}{\gamma_w}(1 + 2\zeta^2 - 2\zeta^3) - \frac{1}{m^2} \qquad (\mathrm{II}/111)$$

oder

$$m = \sqrt{\frac{\gamma_w}{\gamma_b(1 + 2\zeta^2 - 2\zeta^3) - \lambda \cdot \gamma_w}}. \qquad (\mathrm{II}/112)$$

Wenden wir Gln. (II/111) und (II/112) auf das Grunddreieck ohne Kronenaufsatz (Abb. II/44) an, erhalten wir

$$\lambda = \frac{\gamma_b}{\gamma_w} - \frac{1}{m^2} \qquad (\mathrm{II}/111')$$

und

$$m = \sqrt{\frac{\gamma_w}{\gamma_b - \lambda\gamma_w}}. \qquad (\mathrm{II}/112')$$

Dieselben Beziehungen auf das Rechteckprofil angewendet ergeben mit $\zeta = 1$:

$$\lambda = \frac{\gamma_b}{\gamma_w} - \frac{1}{m^2}, \qquad (\mathrm{II}/111'')$$

$$m = \sqrt{\frac{\gamma_w}{\gamma_b - \lambda\gamma_w}}. \qquad (\mathrm{II}/112'')$$

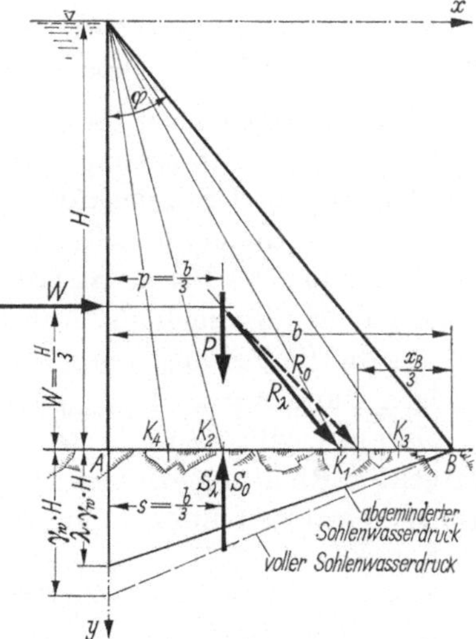

Abb. II/44. Dreieckförmiger Mauerquerschnitt. Lastfall volles Becken

Aus der Übereinstimmung der erhaltenen Ausdrücke, Gln. (II/111′) und (II/112′) mit den Gln. (II/111″) und (II/112″), geht hervor, daß unter gleichen Voraussetzungen die nötige Basisbreite für einen dreieckförmigen Mauerquerschnitt ohne Kronenaufsatz und für ein Rechteckprofil dieselbe ist. Extremwerte für m errechnen sich aus Gl. (II/112), indem wir $\frac{\partial m}{\partial \zeta} = 0$ setzen; wir erhalten den Kleinstwert für $\zeta = \frac{2}{3}$.

In Tab. II/2 sind einige Werte für m, für $\gamma_b = 2{,}45$ t/m³ und für den üblichen Wert $\gamma_w = 1{,}0$ t/m³ bei verschiedenen Kronenbreiten und für verschiedene Abminderungsbeiwerte des Sohlenwasserdrucks angegeben.

Tabelle II/2. *Basisbreite $m = \dfrac{b}{h}$ in Abhängigkeit von λ und ζ für $\gamma_b = 2{,}45$ t/m³*

	Dreieckprofil $\zeta = 0$	Dreieckprofil mit Kronenaufsatz				Rechteckprofil $1{,}0$
		0,10	0,20	0,30	0,667 *)	
$\lambda = 0$	0,639	0,634	0,619	0,600	0,562	0,639
0,50	0,716	0,709	0,689	0,668	0,611	0,716
0,75	0,767	0,758	0,734	0,703	0,642	0,767
0,85	0,790	0,781	0,753	0,723	0,655	0,790
1,00	0,831	0,819	0,788	0,750	0,677	0,831

*) Dreieckprofil mit geringster Basisbreite

Aus den Werten dieser Tabelle geht der günstige Einfluß eines breiten Kronenaufsatzes auf die Basisbreite deutlich hervor. Für höher gelegene Mauerhorizonte kann der vorhandene Abminderungsbeiwert für den Fugenwasserdruck λ_{vorh} nach Gl. (II/58) leicht berechnet werden.

II. Bemessung unter Berücksichtigung des Porenwasserdrucks. Wir wollen unsere Betrachtung auf den einfachen Fall der waagrechten Durchströmung der dreieckförmigen Mauerscheibe ohne Kronenaufsatz beschränken; die entsprechenden Strömungsverhältnisse, insbesondere die Verteilung des Porenwasserdrucks, wurden bereits in Abschn. 1 d γ, S. 61, näher untersucht (s. Abb. II/19).

Für die Bemessung lautet die Bedingungsgleichung für den wasserseitigen Rand $x = 0 : (\sigma_y)_{x=0} = 0$.

Daraus ergibt sich mit Berücksichtigung der an der Wasserseite in lotrechter Richtung wirksamen Strömungskräfte bei Verwendung der früher gewählten Bezeichnungen:

$$(\sigma_y)_{x=0} = \gamma_w \left\{ (n_w - n) + \frac{1}{m^2} - \frac{\gamma_b}{\gamma_w} \right\} \cdot y . \qquad \text{(II/113)}$$

Da n_w und n Festwerte des Betons sind, können wir, in Anlehnung an die für den Sohlen- und Fugenwasserdruck verwendete Bezeichnung,

$(n_w - n) = \lambda$ setzen; σ_y kann nur Null werden, wenn

$$\gamma_w \left\{ (n_w - n) - \frac{1}{m^2} - \frac{\gamma_b}{\gamma_w} \right\} = 0$$

wird, da y immer positiv ist.

Daraus erhalten wir:

$$m = \sqrt{\frac{\gamma_w}{\gamma_b - \lambda \cdot \gamma_w}} = \sqrt{\frac{\gamma_w}{\gamma_b - (n_w - n)\,\gamma_w}} \,. \tag{II/114}$$

Diese Beziehung ist im Aufbau dieselbe wie Gl. (II/112′), führt aber nicht unbedingt zum selben Ergebnis. Die Festwerte des Betons n_w und n, insbesonders von n_w, sind auf Grund neuerer Erkenntnisse anzunehmen. Hinsichtlich der Wahl entsprechender Werte für λ bestehen auch heute noch geteilte Meinungen. Nach der Auffassung verschiedener Forscher kann λ wie folgt bestimmt werden:

$$\begin{aligned}
&\text{elementare Annahme:} &&\lambda = n, \\
&\text{nach FILLUNGER:} &&\lambda = n_z - n, \\
&\text{nach TERZAGHI:} &&\lambda = n_w - n, \\
&\text{nach LELIAVSKY:} &&\lambda = n_w - n_s,
\end{aligned}$$

wobei bedeuten

λ Abminderungsbeiwert für die Kraftwirkung des Porenwassers in vertikaler Richtung,

n Raumporosität der Trockensubstanz (abhängig von Wasserzementfaktor und Zementmenge),

n_z Porigkeit des Zementleimes (abhängig von Wasserzementfaktor und Zementmenge),

n_w wirksame Flächenporosität (empirisch bestimmter Festwert des Betons; kann für Betonsorten normaler Zusammensetzung nach TERZAGHI mit $n_w = 1{,}0$, nach LELIAVSKY mit $n_w = 0{,}91$ angenommen werden),

n_s Raumporosität des Betons mit Berücksichtigung der Sättigung.

Wenden wir Gl. (II/114) auf einen normalen Staumauerbeton CP 250 kg/m³ mit einem Einheitsgewicht von 2,45 t/m³ an (Wasserzementfaktor $\frac{W}{Z} = 0{,}55$), so erhalten wir:

elementare Annahme:

$$\lambda = n = 0{,}24; \quad m = \sqrt{\frac{1}{2{,}45 - 0{,}24}} = 0{,}67,$$

nach FILLUNGER:

$$\lambda = n_z - n: \quad \left. \begin{aligned} n_z &= 0{,}40 \\ n &= 0{,}24 \end{aligned} \right\} \quad \lambda = 0{,}16, \quad m = 0{,}66,$$

nach TERZAGHI:

$$\lambda = n_w - n: \quad \left. \begin{aligned} n_w &= 1{,}00 \\ n &= 0{,}24 \end{aligned} \right\} \quad \lambda = 0{,}76, \quad m = 0{,}77,$$

nach LELIAVSKY:

$$\lambda = n_w - n: \quad \begin{matrix} n_w = 0,91 \\ n_s = 0,07 \end{matrix} \bigg\} \quad \lambda = 0,84, \quad m = 0,79 \,.$$

Diese einfache Untersuchung des Dreieckquerschnitts zeigt deutlich den Einfluß der verschiedenen Auffassungen nach den neueren Theorien über die Wirkung des Auftriebs auf die Bemessung. Auf Grund der umfangreichen Versuche von LELIAVSKY, welche die Ergebnisse der Versuche von TERZAGHI bestätigen, darf jedoch angenommen werden, daß die von FILLUNGER und anderen Fachleuten angegebenen Werte zu gering sind. Abschließend sei nochmals darauf hingewiesen (vgl. Abschn. II/B 1e), daß der Fall der waagrecht durchströmten Mauer einen außergewöhnlichen Sonderfall darstellt, der bei einer sachgemäß ausgeführten Mauer mit einer gut durchgebildeten Mauerentwässerung nicht auftreten kann, da der Porenwasserdruck im Inneren des Mauerkörpers wesentlich stärker abgemindert wird. Die Ergebnisse dieser Untersuchung liegen daher, soweit sie verallgemeinert werden können, auf der ungünstigen Seite.

III. Katastrophenlastfall — volles Becken. Wie bereits in Abschn. II/B 2 erwähnt, ist es erforderlich, die Abmessungen des Bauwerks auch für einen möglichen Katastrophenlastfall zu überprüfen. In diesem Sinne wollen wir hier den Ausnahmelastfall volles Becken untersuchen. Um dem verstärkten Eintritt von Druckwasser in (waagrechte) Biegezugrisse Rechnung zu tragen, wollen wir den Sohlen- bzw. Fugenwasserdruck ohne Abminderung in die Berechnung einführen und unsere Betrachtung auf die dreieckförmige Mauerscheibe ohne Kronenaufsatz (s. Abb. II/44) beschränken. Folgende Kraftwirkungen sind zu berücksichtigen:

Eigengewicht der Mauerscheibe
$$P = \frac{1}{2}\,\gamma_b \cdot m \cdot h^2,$$

Wasserdruck auf die Stauwand
(volles Becken: $H = h$)
$$W = \frac{1}{2}\,\gamma_w \cdot h^2,$$

abgeminderter Sohlen- bzw. Fugenwasserdruck
$$S_\lambda = \frac{1}{2} \cdot \gamma_w \cdot \lambda \cdot m \cdot h^2,$$

voller Sohlen- bzw. Fugenwasserdruck
$$S_0 = \frac{1}{2}\,\gamma_w \cdot m \cdot h^2 \,.$$

Während beim Hauptlastfall volles Becken der Angriffspunkt der Resultierenden aus der Summe aller Kräfte mit dem wasserseitigen Kernpunkt der Schnittfläche übereinstimmt, verlagert er sich beim Katastrophenfall gegen die Luftseite, wodurch an der der Kraft abgewendeten Seite Zugspannungen auftreten. Die Ergebnisse dieser Untersuchung, welche sich in einfacher Weise berechnen lassen, sind in der Tab. II/3 dem Hauptlastfall volles Becken gegenübergestellt und in den Abb. II/45 und II/46 graphisch ausgewertet.

Tabelle II/3. *Gegenüberstellung einiger Kennwerte für den Haupt- und Katastrophenlastfall volles Becken*

	Hauptlastfall volles Becken	Katastrophenlastfall volles Becken
Summe der Vertikalkräfte	$\Sigma V = \dfrac{1}{2}\,m \cdot h^2(\gamma_b - \lambda\,\gamma_w)$	$= \dfrac{1}{2}\,m \cdot h^2(\gamma_b - \gamma_w)$
Summe der Horizontalkräfte	$\Sigma H = \dfrac{1}{2}\,\gamma_w \cdot h^2$	$= \dfrac{1}{2}\,\gamma_w \cdot h^2$
Moment aus der Summe aller Kräfte um Punkt B	$M_B = \dfrac{1}{3}\,m^2 \cdot h^3(\gamma_b - \lambda\,\gamma_w)$ $- \dfrac{1}{6}\,\gamma_w \cdot h^3$	$\dfrac{1}{3}\,m^2\,h^3(\gamma_b - \gamma_w) - \dfrac{1}{6}\,\gamma_w \cdot h^3$
Exzentrizität der Normalkraft $(N = \Sigma V)$	$e = \dfrac{b}{6} = \dfrac{1}{6}\,m \cdot h$	$e = \dfrac{b}{6}\left(2 \cdot \dfrac{\gamma_b - \lambda}{\gamma_b - 1} - 1\right)$
Normalspannung an der Wasserseite	$\sigma_A = 0$	$\sigma_A = +\,\gamma_w \cdot h\,(1 - \lambda)$ *) (Zug) $\sigma_A = 0$ **)
Normalspannung an der Luftseite	$\sigma_B = -\dfrac{1}{m^2}\cdot \gamma_w \cdot h$ $= -h\,(\gamma_b - \lambda\,\gamma_w)$	$\sigma_B = -\dfrac{1}{m^2}\cdot \gamma_w \cdot h$ $= -h\,(\gamma_b - \lambda\,\gamma_w)$ *) $\overline{\sigma}_B = -h\,\dfrac{\gamma_b - \gamma_w}{2 - \dfrac{\gamma_b - \lambda\gamma_w}{\gamma'_b - \gamma'_w}}$ $= -h\,\dfrac{(\gamma_b - \gamma_w)^2}{\gamma_b - \gamma_w(2 - \lambda)}$ **)
Breite der gedrückten Zone	$x_B = b = m \cdot h$	$x_B = b\,\dfrac{\sigma_B}{\sigma_B + \sigma_A}$ $= b\,\dfrac{\gamma_b - \lambda\,\gamma_w}{\gamma_b - \gamma_w(1 - 2\lambda)}$ *) $x_B = b\left(2 - \dfrac{\gamma_b - \lambda}{\gamma_b - 1}\right)$ **)
Kippsicherheit	$\mathfrak{S} = \dfrac{P \cdot p - S \cdot s}{W \cdot w} = 2$	$\mathfrak{S} = \dfrac{P \cdot p - S_0 \cdot s}{W \cdot w}$ $= 2 \cdot \dfrac{\gamma_b - \gamma_w}{\gamma_b - \lambda\,\gamma_w}$

*) Spannungen mit Berücksichtigung der Zugzone.
**) Spannungen bei Ausschluß der Zugzone.

In Abb. II/45 ist der Verlauf des Koeffizienten für die Basisbreite $m = \dfrac{b}{h}$ und der Zahlenwerte für die Kippsicherheit in Abhängigkeit vom Abminderungsbeiwert des Sohlen- und Fugenwasserdrucks λ, der

für die Bemessung (Hauptlastfall volles Becken) verwendet wurde, für
$\gamma_b = 2{,}30$, $2{,}40$ und $2{,}50$ t/m³ dargestellt; der Verlauf der zugehörigen
Koeffizienten C_1, C_2, C_3 zur Berechnung der Normalspannungen an der
Luftseite

$$\sigma_B = - h(\gamma_b - \lambda\gamma_w) = - C_1 \cdot h,$$

$$\bar{\sigma}_B = - h\frac{(\gamma_b - \gamma_w)^2}{\gamma_b - \gamma_w(2-\lambda)} = - C_2 \cdot h$$

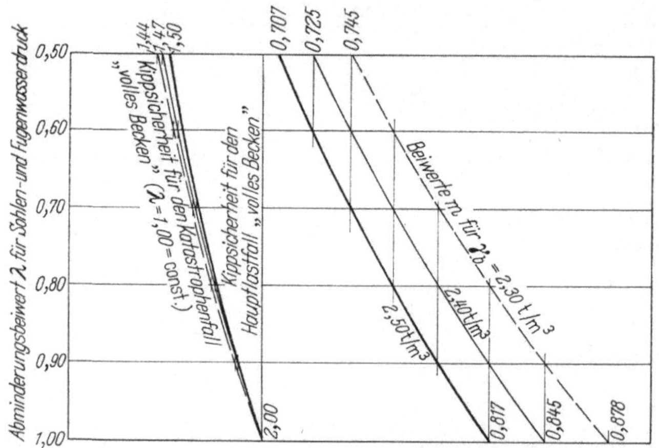

Abb. II/45. Gewichtsstaumauer mit Dreieckprofil (ohne Kronenaufsatz, vertikale Stauwand).
Diagramm für Kippsicherheit und Verhältniszahlen $m = \dfrac{b}{h}$

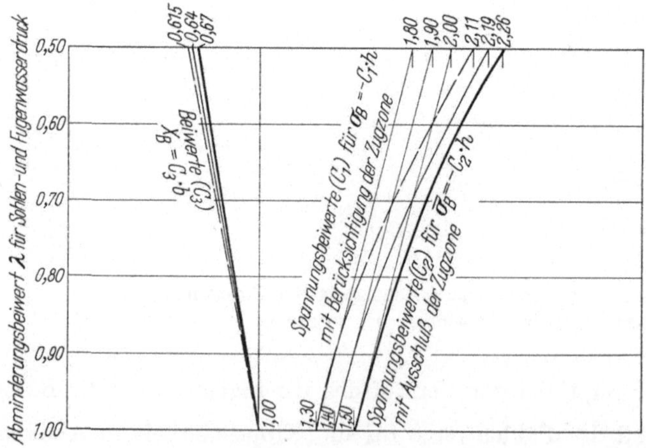

Abb. II/46. Gewichtsstaumauer mit Dreieckprofil (ohne Kronenaufsatz, vertikale Stauwand).
Diagramm für Spannungsbeiwerte C_1 und C_2 ($\sigma_B = - C_1 \cdot h$ und $\bar{\sigma}_B = - C_2 \cdot h$) und Beiwerte
C_3 ($x_B = C_3 \cdot b$)

und der Breite der gedrückten Zone bei Ausschluß der Zugspannungen

$$x_B = b\left(2 - \frac{\gamma_b - \lambda}{\gamma_b - 1}\right) = C_3 \cdot b$$

ist in Abb. II/46 wiedergegeben.

Bemerkungen zu den Abb. II/45 und II/46:

Der in Abschn. II/B 2 festgelegten Stabilitätsbedingung für Ausnahmelastfälle wird in jedem Falle entsprochen; selbst wenn die Bemessung mit $\gamma_b = 2{,}30$ t/m³ und dem unvorsichtigen Wert $\lambda = 0{,}50$ vorgenommen wurde, beträgt die Breite der gedrückten Zone im Katastrophenfall immer noch 61,5% der Breite des Vollquerschnitts (s. Abb. II/46). Ferner ist das Verhältnis der Spannungen $\dfrac{\overline{\sigma}_B}{\sigma_B} = \dfrac{C_2}{C_1}$ immer kleiner als der zulässige Grenzwert $\dfrac{4}{3}$ (s. Abb. II/46; vgl. auch Abb. II/23).

Die Kippsicherheit um den wasserseitigen Fußpunkt ist für den Hauptlastfall volles Becken unabhängig vom Raumgewicht des Betons und vom Abminderungsbeiwert des Sohlen- und Fugenwasserdrucks; die Sicherheitszahl $\mathfrak{S}$ ist daher konstant und beträgt 2,0.

Für den Katastrophenlastfall volles Becken nimmt die Sicherheitszahl um so rascher ab, je kleiner λ für die Bemessung gewählt wurde; der Einfluß des Raumgewichts des Betons auf die Größe der Sicherheitszahl ist verhältnismäßig gering (s. Abb. II/45). Für den ungünstigen Fall mit $\gamma_b = 2{,}30$ t/m³ und $m = 0{,}745$ (für $\lambda = 0{,}50$) beträgt sie immer noch 1,44.

Die Berechnung der Kippsicherheit ist an sich nicht notwendig, wenn den beiden Stabilitätsbedingungen nach Abschn. II/B 2 entsprochen wird.

Aus dem Diagramm für die Beiwerte in Abb. II/45 geht deutlich der günstige Einfluß eines möglichst hohen Raumgewichts des Betons auf die Basisbreite hervor.

Abschließend sei bemerkt, daß die Verhältnisse für den Katastrophenfall wesentlich ungünstiger werden, wenn Erdbebenwirkungen zu berücksichtigen sind.

β) Gleitsicherheitsnachweis in der Gründungssohle. Für den Hauptlastfall volles Becken kann die Gleitsicherheit des Grunddreiecks in der Sohlfuge, bei Vernachlässigung des Haftwiderstandes (Scherwiderstand ohne Auflast), wie folgt berechnet werden (Abb. II/44):
Wirkende Kräfte:

Eigengewicht der Mauerscheibe
$$P = \frac{1}{2}\gamma_b \cdot m \cdot h^2,$$

Wasserdruck auf die Stauwand
$$W = \frac{1}{2}\gamma_w \cdot h^2,$$

abgeminderter Sohlenwasserdruck
$$S_\lambda = \frac{1}{2}\gamma_w \cdot \lambda \cdot m \cdot h^2.$$

Somit

$$\frac{N}{T} = \frac{\Sigma V}{\Sigma H} = \frac{m(\gamma_b - \lambda\gamma_w)}{\gamma_w}.$$

Setzen wir $\gamma_w = 1{,}0$ t/m³ und $m = \dfrac{1}{\sqrt{\gamma_b - \lambda}}$, ergibt sich daraus:

$$\frac{\Sigma V}{\Sigma H} = \frac{\gamma_b - \lambda}{\sqrt{\gamma_b - \lambda}} = \sqrt{\gamma_b - \lambda} = \frac{1}{m}.$$

Die Neigung der Resultierenden R ist daher dieselbe wie die der Luftseite.

Für die Gleitsicherheit erhalten wir nach Gl. (II/54) folgenden Ausdruck:

$$n_{\text{gl}} = \frac{\mu \cdot N}{T} = \frac{\Sigma V}{\Sigma H} \cdot \tan \varphi = \frac{\tan \varphi}{m}, \qquad (\text{II}/115)$$

worin: $\mu = \tan \varphi = $ Reibungsbeiwert Beton/Fels (etwa 0,60 bis 0,80).

Gl. (II/115) auf einen günstigen und einen ungünstigen Fall angewendet ergibt:

günstiger Fall:

$$\left. \begin{aligned} \gamma_b &= 2{,}50 \text{ t/m}^3 \\ \gamma_w &= 1{,}00 \\ \lambda &= 0 \\ m &= 0{,}633 \\ \tan \varphi &= 0{,}75 \end{aligned} \right\} \qquad n_{\text{gl}} = \frac{0{,}75}{0{,}63} = 1{,}20 > 1{,}0 \,,$$

ungünstiger Fall:

$$\left. \begin{aligned} \gamma_b &= 2{,}30 \text{ t/m}^3 \\ \gamma_w &= 1{,}00 \text{ t/m}^3 \\ \lambda &= 1{,}00 \\ m &= 0{,}88 \\ \tan \varphi &= 0{,}70 \end{aligned} \right\} \qquad n_{\text{gl}} = \frac{0{,}70}{0{,}88} = 0{,}80 < 1{,}0 \,.$$

Obwohl diese Berechnung sehr schematisch ist, lassen die für die Sicherheitszahl n_{gl} errechneten Werte erkennen, daß die Gleitsicherheit einer Gewichtsstaumauer gering ist und auf Grund der Reibung zwischen Beton und Fels nur schwer eine hinreichende Sicherheit erzielt werden kann. Diese Verhältnisse werden auch nicht wesentlich verbessert, wenn man die mit der Reibung auftretende Haftfestigkeit berücksichtigt. Konstruktive Maßnahmen (rauhe Gründungssohle, grobe Verzahnung, talaufwärts geneigte Gründungsfläche usw.) sind daher zur Erhöhung der Gleitsicherheit des Bauwerks unbedingt erforderlich.

γ) Berechnungen der Spannungen an der Luft- und Wasserseite und im Inneren des Mauerkörpers — Hauptspannungen

I. Spannungsberechnung mit Hilfe der Balkentheorie. Wir legen der Untersuchung neuerlich einen Dreiecksquerschnitt ohne Kronenaufsatz gemäß Abb. II/44 zugrunde, für welchen sich besonders einfache Beziehungen ergeben.

Mit Hilfe der Balkentheorie erhalten wir für den Normallastfall volles Becken folgende Ausdrücke für die Randspannungen an der Luft- und Wasserseite (s. Tab. II/1):

Wasserseite:

a) ohne Berücksichtigung des Sohlen- bzw. Fugenwasserdrucks:

$$\sigma_\mathrm{I} = \sigma_y = -\gamma_b \cdot y + \frac{1}{m^2} \cdot \gamma_w \cdot y, \qquad \text{(II/116/1)}$$

$$\sigma_\mathrm{II} = p = -\gamma_w \cdot y. \qquad \text{(II/116/2)}$$

b) mit Berücksichtigung des Sohlen- bzw. Fugenwasserdrucks (Bedingung: keine Zugspannung an der Wasserseite):

$$\sigma_\mathrm{I} = \sigma_y = 0, \qquad \text{(II/117/1)}$$

$$\sigma_\mathrm{II} = p = -\gamma_w \cdot y, \qquad \text{(II/117/2)}$$

Luftseite:

(mit oder ohne Berücksichtigung des Sohlen- bzw. Fugenwasserdrucks)

$$\sigma_x = \sigma_y \cdot \tan^2 \varphi = -\gamma_w \cdot y, \qquad \text{(II/118/1)}$$

$$\sigma_y = -\frac{1}{m^2} \cdot \gamma_w \cdot y, \qquad \text{(II/118/2)}$$

$$\tau_{xy} = \sigma_y \cdot \tan \varphi = -\frac{1}{m} \cdot \gamma_w \cdot y. \qquad \text{(II/118/3)}$$

Hauptspannungen:

$$\sigma_\mathrm{I} = 0, \qquad \text{(II/119/1)}$$

$$\sigma_\mathrm{II} = \sigma_y (1 + \tan^2 \varphi) = -\frac{1}{m^2}(1 + m^2)\,\gamma_w \cdot y = -\left(1 + \frac{1}{m^2}\right)\gamma_w \cdot y. \qquad \text{(II/119/2)}$$

Wie wir bereits in Abschn. 5b, S. 82, erwähnt haben, kann bei dreieckförmigen Staumauerblöcken die Verteilung der σ_x und τ_{xy} über die Breite eines Mauerhorizontes linear angenommen werden. Wir können somit für einen beliebigen Punkt der Mauerscheibe folgende Beziehungen für die Spannungskomponenten anschreiben:

Ohne Berücksichtigung des Sohlen- bzw. Fugenwasserdrucks:

$$\sigma_x = -\gamma_w \cdot y, \qquad \text{(II/120/1)}$$

$$\sigma_y = \gamma_w \left\{ y \left(\frac{1}{m^2} - \frac{\gamma_b}{\gamma_w} \right) - x \cdot \frac{1}{m} \left(\frac{2}{m^2} - \frac{\gamma_b}{\gamma_w} \right) \right\}, \qquad \text{(II/120/2)}$$

$$\tau_{xy} = -\frac{1}{m^2} \cdot \gamma_w \cdot x. \qquad \text{(II/120/3)}$$

Wie wir uns leicht überzeugen können, ist die Bedingungsgleichung für die Schubspannungen in einer horizontalen Schnittfläche

$$\pm d \int\limits_{x=0}^{x=my} \tau_{xy} \cdot dx = \Sigma H$$

erfüllt.

Mit Berücksichtigung des (abgeminderten) Sohlen- bzw. Fugenwasserdrucks (Bedingung: keine Zugspannung an der Wasserseite):

$$\sigma_x = -\gamma_w \cdot y, \qquad\qquad\qquad \text{(II/121/1)}$$

$$\sigma_y = -\frac{1}{m^3} \cdot \gamma_w \cdot x, \qquad\qquad \text{(II/121/2)}$$

$$\tau_{xy} = -\frac{1}{m^2} \cdot \gamma_w \cdot x. \qquad\qquad \text{(II/121/3)}$$

II. Spannungsberechnung mit Hilfe der Elastizitätstheorie. Für den
Fall der nach unten zu unbegrenzten dreieckigen Scheibe, einseitig
längs dem Rand $x = 0$ durch den Wasserdruck belastet, kann nach
GIRKMANN [6] folgende AIRYsche Spannungsfunktion angeschrieben
werden:

$$F = \gamma_w \left\{ -\frac{y^3}{6}\left(1 - \frac{\gamma_b}{\gamma_w}\right) + \frac{1}{2}\,x^2 \cdot y \cdot \frac{1}{m^2} - \left(\frac{2}{m^2} - \frac{\gamma_b}{\gamma_w}\right) m \cdot \frac{x^3}{6} \right\}. \quad \text{(II/122)}$$

Diese Funktion befriedigt die Scheibengleichung (II/86) $V^4 F = 0$.
Sie kann in vorteilhafter Weise zur Berechnung von Näherungswerten
der Spannungsfunktion für das in Abschn. 5f, S. 90, beschriebene Ver-
fahren herangezogen werden. Bei der Anwendung der Rechenvorschrift
Gln. (II/87/1—3) für die Spannungskomponenten erhalten wir mit den
Volumskräften $g_y = \gamma_b$ und $g_x = 0$ folgende Ausdrücke:

$$\sigma_x = \frac{\partial^2 F}{\partial y^2} - g_x \cdot x - g_y \cdot y = -\gamma_w \cdot y, \qquad \text{(II/123/1)}$$

$$\sigma_y = \frac{\partial^2 F}{\partial x^2} - g_x \cdot x - g_y \cdot y = \gamma_w \left\{ y\left(\frac{1}{m^2} - \frac{\gamma_b}{\gamma_w}\right) - x \cdot \frac{1}{m}\left(\frac{2}{m^2} - \frac{\gamma_b}{\gamma_w}\right) \right\},$$
$$\text{(II/123/2)}$$

$$\tau_{xy} = -\frac{\partial^2 F}{\partial x \, \partial y} = -\frac{1}{m^2} \cdot \gamma_w \cdot x. \qquad \text{(II/123/3)}$$

Die Randbedingungen lauten:
Wasserseite (Rand $x = 0$):

$$\sigma_x = -p_x = -\gamma_w \cdot y, \quad \tau_{xy} = 0. \qquad \text{(II/124)}$$

Luftseite (Rand $x = m \cdot y$):

$$-m \cdot \sigma_y + \tau_{xy} = 0, \quad \sigma_x - \tau_{xy}\, m = 0. \qquad \text{(II/125)}$$

Durch Einsetzen der Spannungswerte aus Gln. (II/123/1—3) kann
man sich leicht davon überzeugen, daß die angeführten Randbedingungen längs der Luft- und Wasserseite der Mauer erfüllt sind.

Für die Bauwerksohle $y = H$, für welche wir keine Bedingungen
vorschreiben dürfen, erhalten wir folgende linear verlaufende Span-

nungskomponenten:

$$(\sigma_x)_{y=H} = -\gamma_w \cdot y, \qquad (\text{II}/126/1)$$

$$(\sigma_y)_{y=H} = \gamma_w \left\{ H \left(\frac{1}{m^2} - \frac{\gamma_b}{\gamma_w} \right) - x \cdot \frac{1}{m} \left(\frac{2}{m^2} - \frac{\gamma_b}{\gamma_w} \right) \right\}, \qquad (\text{II}/126/2)$$

$$(\tau_{xy})_{y=H} = -\frac{1}{m^2} \cdot \gamma_w \cdot x. \qquad (\text{II}/126/3)$$

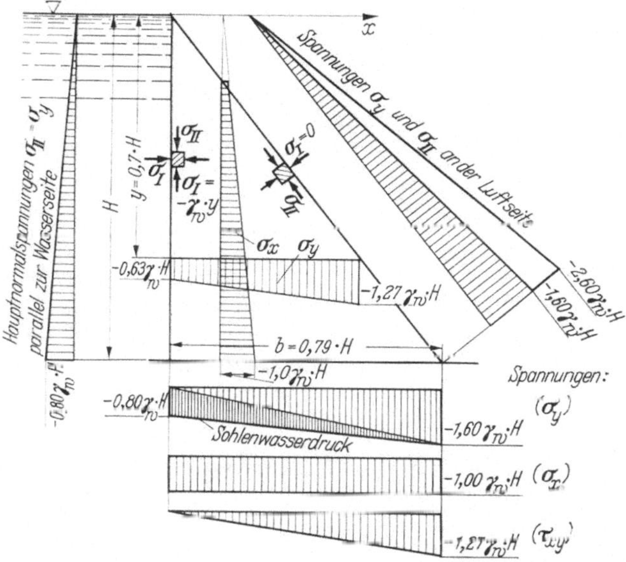

Abb. II/47. *Zahlenbeispiel*: Spannungen in einer dreieckförmigen Mauerscheibe ohne Berücksichtigung der elastischen Einspannung im Gründungsfels

In Abb. II/47 ist der Verlauf der Spannungen längs einiger Schnitte für eine dreieckförmige Betonstaumauer mit

$$\left. \begin{array}{l} \gamma_b = 2,40 \text{ t/m}^3 \\ \gamma_w = 1,00 \text{ t/m}^3 \end{array} \right\} \quad \frac{\gamma_b}{\gamma_w} = 2,40,$$

$$m = \frac{b}{h} = 0,79$$

dargestellt. Vergleichen wir Gln. (II/123/1—3) mit Gln. (II/120/1—3), erkennen wir, daß in diesem einfachen Fall die Ergebnisse dieser Berechnung mit denen der Balkentheorie übereinstimmen. Bei der Untersuchung einer beliebigen Profilform mit Kronenaufsatz nach der Elastizitätstheorie mit Berücksichtigung der Baugrundverformung, den Kraftwirkungen der Sickerströmung usw. werden die Berechnungen wesentlich komplizierter, da hierfür keine Spannungsfunktion in gebundener Form angegeben werden kann.

δ) Trajektorien der Hauptspannungen. Mit Hilfe dieser Beziehungen für die Spannungskomponenten σ_x, σ_y, τ_{xy} nach Gln. (II/120/1—3) oder (II/121/1—3) können die Werte der Hauptspannungen und ihre Richtungen im ganzen Spannungsfeld bestimmt werden (s. Abschn. II/B 5 c). Die Ausgangsgleichung für die Berechnung der Normalspannungstrajektorien bildet die bereits bekannte Differentialgleichung (II/84) oder (II/85).

$$\frac{2\dfrac{dy}{dx}}{1-\left(\dfrac{dy}{dx}\right)^2} = \frac{2\tau_{xy}}{\sigma_x - \sigma_y}$$

oder

$$\frac{dy}{dx} = \frac{-(\sigma_x - \sigma_y) \pm \sqrt{4\tau_{xy}^2 + (\sigma_x - \sigma_y)^2}}{2\tau_{xy}} = \frac{2\tau_{xy}}{(\sigma_x - \sigma_y) \pm \sqrt{4\tau_{xy}^2 + (\sigma_x - \sigma_y)^2}} \, .$$

Für den einfachen Fall des Grunddreiecks ohne Kronenaufsatz kann die Lösung in allgemeiner Form mit oder ohne Berücksichtigung der Durchströmung ohne große mathematische Schwierigkeiten aufgefunden werden.

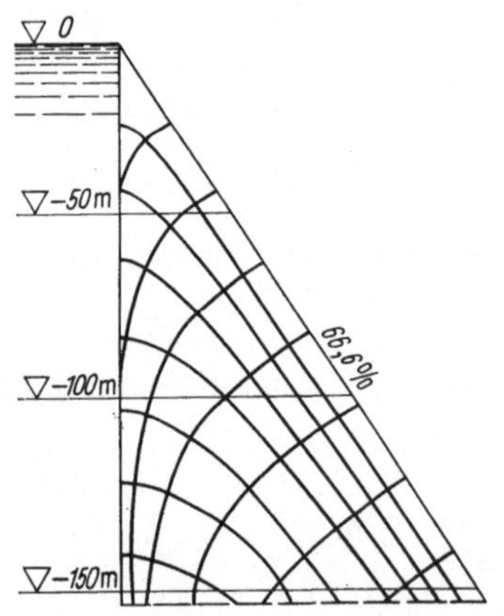

Abb. II/48. Gewichtsstaumauer mit Dreieckprofil. Lastfall volles Becken. Verlauf der Hauptspannungstrajektorien

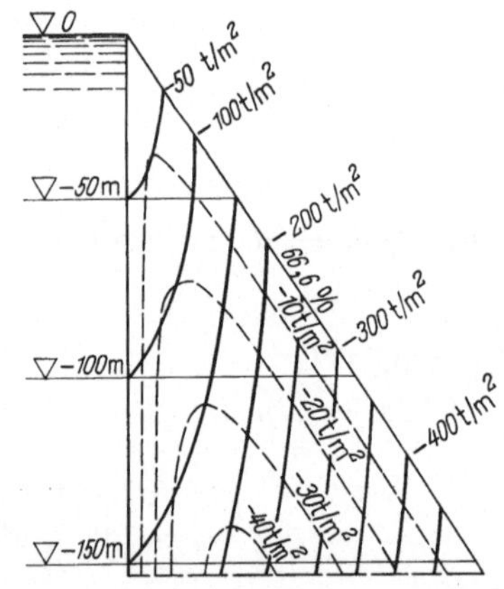

Abb. II/49. Gewichtsstaumauer mit Dreieckprofil. Lastfall volles Becken. Linien gleicher Hauptspannungen (Isostaten)

In Abb. II/48 ist der Verlauf der Hauptspannungstrajektorien, welche ein anschauliches Bild des „Kraftflusses" vermitteln, dargestellt. Ein guter Überblick über die Beanspruchung einer Gewichtsmauer wird auch erhalten, wenn für einen Querschnitt die Linien gleicher Hauptspannungen (Isostaten) gezeichnet werden (Abb. II/49).

Dazu sei bemerkt, daß, wie Vergleichsrechnungen ergaben, der Einfluß der Durchströmung auf den Trajektorienverlauf nur von untergeordneter Bedeutung ist.

ε) **Spannungen verursacht vom Kronenaufsatz.** Jede Gewichtsstaumauer wird mit einem Kronenaufsatz ausgeführt. Die Kronenverbreiterung beeinflußt, wie eingangs gezeigt wurde, die Blockabmessungen und somit auch die Mauerkubatur. Der für das Grunddreieck beschriebene Spannungszustand erfährt dadurch kleine Veränderungen.

Die Kronenauflast erhöht die Standsicherheit bei vollem Becken, da durch sie die Druckspannungen an der Wasserseite erhöht werden. Bei leerem Becken treten allerdings in tieferen Mauerhorizonten (unterhalb des in zweifacher Höhe des Kronenaufsatzes gelegenen Mauerhorizontes) an der Luftseite geringe Zugspannungen auf. Da diese Zugspannungen klein sind, deren Auftreten ja nach Bauausführung auch gänzlich wegfällt (s. Abschn. 6b, S. 121) und die Bildung von Zugrissen an der Luftseite der Mauer als unbedenklich angesehen werden kann, kommt diesen Zugspannungen nur untergeordnete Bedeutung zu.

An Hand der Abb. II/50 und den Ausdrücken für die Spannungswerte in Tab. II/1 (s. a. Abb. II/43) können wir uns rasch über die Größenordnung und den Verlauf der vom Kronenaufsatz verursachten Spannungen an der Luft- und Wasserseite Rechenschaft geben.

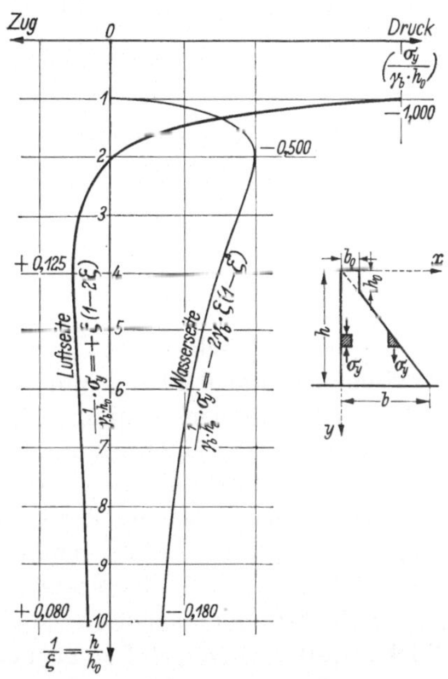

Abb. II/50. Normalspannungen σ_y an der Luft- und Wasserseite einer dreieckförmigen Staumauer, hervorgerufen vom Kronenaufsatz

Den vom Kronenaufsatz, ausgeführt in üblicher Straßenbreite, verursachten Spannungen kommt nur bei niedrigen Staumauern statische Bedeutung zu. Will man mit dem Kronenaufsatz eine statische Wirkung auch bei hohen Mauern erzielen, müssen sehr breite, massive Mauerkronen vorgesehen werden.

ζ) **Einfluß des Kronenaufsatzes auf die Mauerkubatur.** Ein weiteres Kriterium für das Staumauerprofil bildet der Rauminhalt des Mauerkörpers bzw. eines Staumauerblockes in Abhängigkeit von der Kronenbreite.

8*

Für den Rauminhalt einer Mauerscheibe von 1,0 m Dicke und Abmessungen nach Abb. II/44 läßt sich folgender Ausdruck anschreiben:

$$V = \frac{1}{2}\,xy + \frac{1}{2}\,x_0 h_0 = \frac{1}{2}\,xy\left(1 + \frac{y_0}{y}\cdot\frac{x_0}{x}\right),$$

$$V = \frac{1}{2}\cdot my^2(1 + \zeta^2) = C\cdot y^2. \tag{II/127}$$

Die Beiwerte $C = \frac{1}{2}\,m\,(1 + \zeta^2)$ sind in der nachstehenden Tab. II/4 für verschiedene Kronenbreiten und Abminderungsbeiwerte λ berechnet; die Werte für m können der Tab. II/2 entnommen werden.

Tabelle II/4. *Beiwerte* $C = \frac{1}{2}\,m(1 + \zeta^2)$ *in Abhängigkeit von* ζ *und* λ
für $\gamma_b = 2{,}45\ t/m^3$

	$\zeta = 0$	0,10	0,20	0,30	0,667
$\lambda = 0$	0,319	0,320	0,322	0,327	0,461
0,50	0,358	0,357	0,358	0,361	0,441
0,75	0,384	0,383	0,382	0,382	0,462
0,85	0,395	0,391	0,393	0,395	0,472
1,00	0,416	0,413	0,409	0,409	0,488

Aus dieser Tabelle ist ersichtlich, daß der Rauminhalt für Werte von ζ zwischen 0 und 0,20 sich nur wenig verändert, jedoch für $\zeta > 0{,}20$ verhältnismäßig rasch zunimmt. Ein breiter Kronenaufsatz, wie er vielfach aus militärischen Gründen gewünscht wird, ist daher bei Gewichtsstaumauern nicht unbedingt unwirtschaftlich und bringt außerdem eine Erleichterung bei der Betoneinbringung mit sich. Für die Mauerkubatur ist es daher nicht nachteilig, wenn die Verhältniszahl ζ für sämtliche Mauerblöcke konstant gehalten wird. Kronenbreiten, welche größer als 20% der Basisbreite sind, sollten lediglich bei den ufernahen Blöcken mit geringer Höhe vermieden werden.

6. Talsperre ausgeführt in mehreren Bauabschnitten mit Zwischenstauhaltungen
(Etappenweiser Ausbau)

a) Allgemeines

Hauptsächlich aus wirtschaftlichen Erwägungen, um die Kapitalzinsen in erträglichen Grenzen zu halten, werden in der heutigen Zeit hohe Sperrenbauwerke meist in mehreren Bauabschnitten, die Zwischenstauhaltungen ermöglichen, ausgeführt. Ein derartiger etappenweiser, zügiger und von vornherein geplanter Ausbau von Gewichtssperren bildet ohne Zweifel eine wirtschaftlichere Lösung als eine nachträgliche, nicht vorausgeplante Erhöhung. Die abschnittsweise Herstellung des Bauwerks und die Einhaltung eines gewissen Stauprogramms sind aber nur unter bestimmten Voraussetzungen ohne nennenswerten Einfluß auf den Spannungszustand der Staumauer. Bei der üblichen Berechnungsweise von Gewichtsstaumauern (Annahme: Talsperre hergestellt in monolithischen Mauerblöcken, keine Zwischenstauhaltungen, s. Abschn. II/B 5) werden diese Einflüsse nicht berücksichtigt. Diese Vernachlässigung mag bei niedrigen Sperrwerken noch angehen; bei hohen Sperrwerken mit mehreren Zwischenstauhaltungen können sie jedoch wesentliche Bedeutung erlangen und bedürfen einer eingehenden Prüfung.

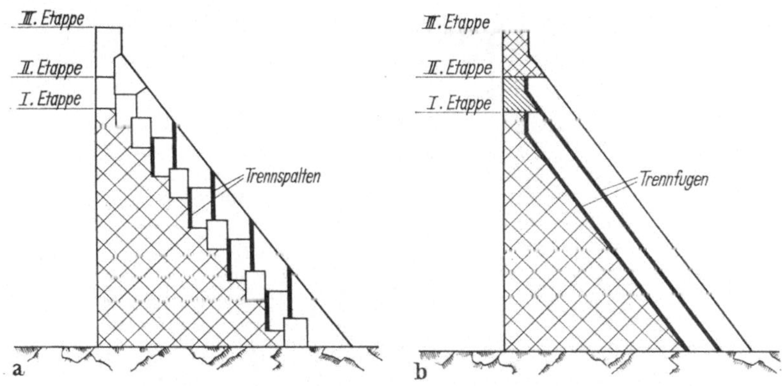

Abb. II/51a u. b. Etappenweiser Ausbau von Gewichtsstaumauern
a) Blockbauweise; b) Plattenbauweise

Für die abschnittsweise Ausführung und Inbetriebnahme des Bauwerks können im Hinblick auf die Wirtschaftlichkeit zwei Lösungen ins Auge gefaßt werden. Beide beruhen darauf, die Luftseite des ersten Bauabschnitts in einer oder in mehreren Etappen durch Aufbringung von Beton zu belasten. Diese Zusatzlast kann in prismatischen Blöcken auf die stufenförmig begrenzte Luftseite der Teilstaumauern (Blockbauweise Abb. II/51a) oder durch Aufbetonieren schräger Platten auf die mit einheitlicher Neigung ausgeführte Luftseite aufgebracht werden (Plattenbauweise Abb. II/51b). Die Lösung mit Aufbringung von prismatischen Blöcken verlangt für jede Staumauer einer Etappe (Teilstaumauer), infolge der stufenförmigen Begrenzung der Luftseite, eine etwas größere Mauerkubatur als unbedingt nötig, bietet aber im Vergleich mit der Lösung durch Aufbetonieren schräger Platten den Vorteil einer größeren Freizügigkeit bei der Betoneinbringung. Die Verwirklichung der derzeit höchsten Talsperre Grande Dixence erfolgte nach den Grundsätzen der oben erwähnten Blockbauweise (Abb. II/52). Abb. II/53 zeigt die Talsperre O'Shaugnessy (USA), bei welcher das

Aufbetonieren an der Luftseite auf einen bereits in der ersten Etappe vorgesehenen Sockel erfolgte. Diese Lösung, die darauf abzielt, ein besseres Zusammenwirken der Mauer in einem stark beanspruchten Bereich zu erzielen, ist wirtschaftlich weniger günstig als die in Abb. II/51 schematisch dargestellte Erhöhung.

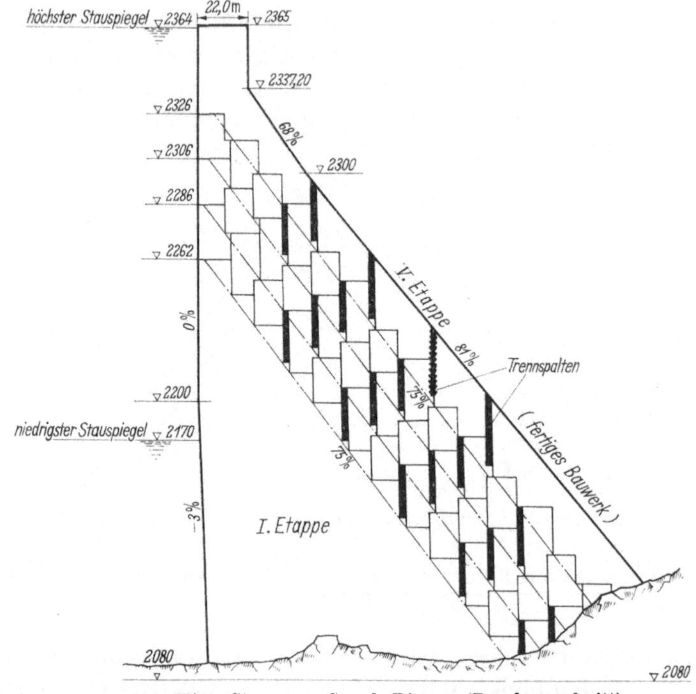

Abb. II/52. Staumauer Grande Dixence (Regelquerschnitt)

Wir wollen zunächst die abschnittsweise Ausführung des Bauwerks nach der Blockbauweise betrachten. Folgende Probleme bedürfen dabei einer Untersuchung:

1. Einfluß des abschnittsweisen Betoniervorgangs auf den Spannungszustand der Staumauer infolge Eigengewicht.

2. Einfluß der Zwischenstauhaltungen während der Bauausführung auf den Spannungszustand des fertigen Bauwerks.

3. Kraftübertragung entlang der luftseitigen Begrenzungsflächen der einzelnen Bauabschnitte (Teilstaumauern).

4. Einfluß der abgetreppten Luftseite auf die Spannungen an der Wasserseite.

5. Formänderungen des Betons infolge Abkühlung und Schwinden.

Zur Erläuterung dieser Probleme wollen wir uns im weiteren auf einige im Zusammenhang mit dem Projektstudium der Talsperre Grande Dixence ausgeführte Untersuchungen beziehen.

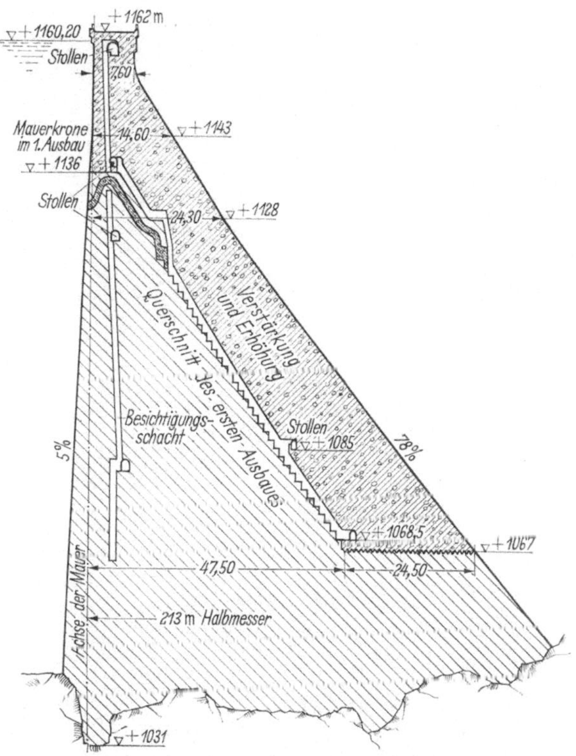

Abb. II/53. Staumauer O'Shaugnessy (USA) (Bauingenieur 1940)

b) Etappenweiser Ausbau in Blockbauweise

α) Einfluß des Betoniervorgangs der einzelnen Bauabschnitte auf die Spannungen im fertigen Bauwerk hervorgerufen vom Eigengewicht. Das abschnittsweise Aufbetonieren von Blöcken an der Luftseite der Staumauer beeinflußt die vom Eigengewicht hervorgerufenen Normalspannungen im allgemeinen nur wenig. Vergleicht man die mittels der Trapezregel bestimmte Spannungsverteilung in horizontalen Schnittflächen eines monolithischen Mauerblocks des fertigen Bauwerks mit der eines in mehreren Bauabschnitten hergestellten Mauerblocks, so wird man erkennen, daß der Unterschied nur geringfügig ist. Dies ist darauf zurückzuführen, daß das Gewicht eines an der Luftseite aufbetonierten Blocks sich auf den ganzen Querschnitt des vorangegangenen Bauabschnitts (Teilstaumauer) verteilt und man annehmen kann,

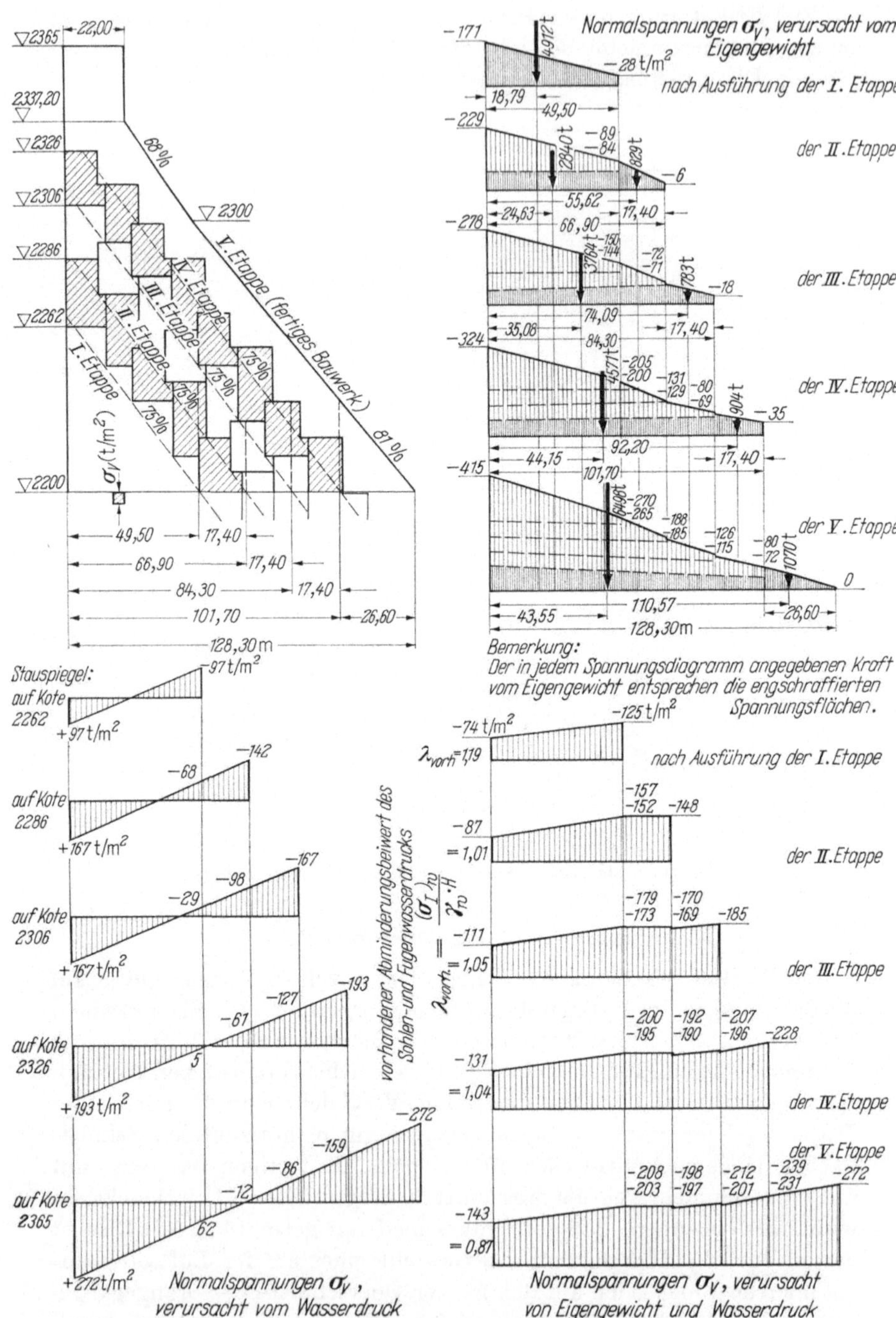

Abb. II/54. Staumauer Grande Dixence. Normalspannungen σ_v auf Mauerhorizont 2200 für den Fall, daß der Stauspiegel während der Ausführung jeder Etappe abgesenkt gehalten wird daß die vertikalen Normalspannungen auf jedem Mauerhorizont sich linear verteilen (Trapezregel). Die wirksame Querschnittsfläche eines Mauerhorizonts wird daher jeweils von der des vorausgegangenen Bauabschnitts gebildet, die sich aus der geradlinigen Begrenzung der Luftseite ergibt. In Abb. II/54 ist die Verteilung der Normalspannungen, hervorgerufen vom Eigengewicht des Sperrenbetons, für den Mauerhorizont 2200 der Staumauer Grande Dixence unter Berücksichtigung der etappenweisen Ausführung dargestellt. Die größten Spannungen an der Wasserseite ergeben sich nach Ausführung der letzten Etappe. Dem Wert der maximalen Druckspannung von 415 t/m² entspricht jener des monolithischen Mauerblocks nach Abb. II/25 von 419 t/m². Man kann sich leicht davon überzeugen, daß dieses Ergebnis auch verallgemeinert werden kann, solange die Wasserseite der Staumauer vertikal ist. Für eine Voruntersuchung, die dem abschnittsweisen Ausbau Rechnung trägt, wird es daher genügen, die wesentlich rascher bestimmten Eigengewichtsspannungen für den monolithischen Mauerblock heranzuziehen. Abb. II/54 läßt auch erkennen, daß bei den getroffenen Annahmen bei einem derartigen Baufortschritt an der Luftseite keine Zugspannungen infolge der Kronenlast auftreten.

β) **Einfluß der Stauhaltung während der Ausführung eines neuen Bauabschnitts.** Wie im weiteren gezeigt wird, ist es unzulässig, ohne besondere Vorkehrungen zu treffen, während der Ausführung eines neuen Bauabschnittes das Stauziel auf Kronenhöhe der vorangegangenen bereits fertigen Teilstaumauer zu halten, da durch ein derartiges Stauprogramm bei der Absenkung die Verformung des vor dem Aufbetonieren der neuen Etappe hergestellten Sperrenkörpers infolge des Wasserdrucks aus dem Stauraum, durch den neuaufgebrachten Beton behindert, nicht mehr ganz zurückgehen kann. Die Druckspannungen an der Wasserseite, hervorgerufen vom Eigengewicht ohne Berücksichtigung der Stauhaltung, werden daher mit jeder Etappe herabgesetzt. Damit erleidet aber auch der der Bemessung zugrunde gelegte Wert des Reduktionsfaktors für den Sohlen- und Fugenwasserdruck λ eine Abminderung. Bei einem ungünstigen Stauprogramm kann der Abbau der Druckspannungen infolge Eigengewicht an der Wasserseite sogar soweit gehen, daß diese gänzlich abgebaut werden und sogar Zugspannungen auftreten können. Dem entspricht ein an sich sinnloser negativer Wert von λ. Der Einfluß des Stauprogramms auf den Spannungszustand des in mehreren Etappen hergestellten Bauwerks bedarf daher einer eingehenden Untersuchung, um Maßnahmen treffen zu können, die die ungünstigen Wirkungen dieses Vorgangs gänzlich ausschalten oder auf ein erträgliches Maß herabsetzen.

Dieser Vorgang des schrittweisen Abbaues der Druckspannungen an der Wasserseite mit jeder Etappe wird an Hand der schematischen

Darstellung in Abb. II/55 leicht verständlich; er läßt sich wie folgt beschreiben: Der auf das Mauerprofil einer fertiggestellten Etappe einwirkende Wasserdruck verursacht eine Verlängerung der Randfasern an der Wasserseite, da die Druckspannungen parallel zu dieser abnehmen, und eine Verkürzung der Randfasern an der Luftseite, da dort die Druckspannungen anwachsen. Der an der Luftseite der verformten Teilstaumauer neu aufgebrachte Beton der folgenden Etappe, der

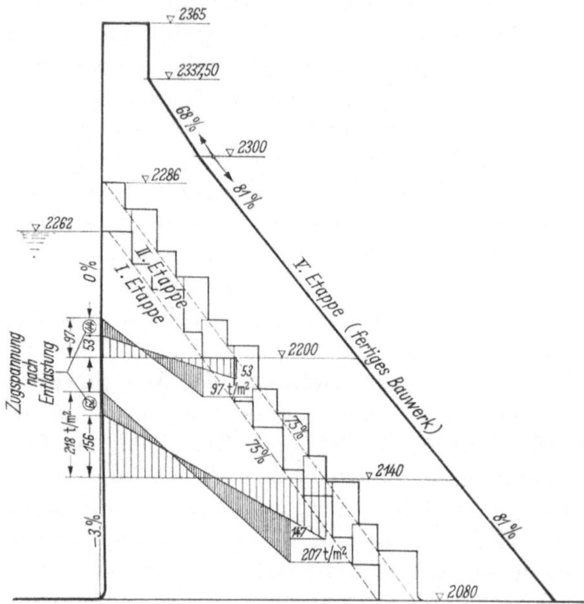

Abb. II/55. Staumauer Grande Dixence. Abbau der Druckspannungen an der Wasserseite als Folge der Versteifung des Mauerquerschnitts beim Aufbetonieren einer neuen Etappe. Normalspannungen σ_v verursacht vom Wasserdruck auf den Mauerhorizonten 2200 und 2140 (berechnet nach der Balkentheorie)

sich mit dem Beton des bereits bestehenden Mauerkörpers einheitlich verbindet, paßt sich dem herrschenden Verformungszustand an. Wird nun der Stauspiegel wieder völlig abgesenkt, so kann die ursprüngliche Teilstaumauer, behindert durch den aufgebrachten Beton der neuen Etappe, nicht mehr die dem Ausgangszustand entsprechende Form annehmen. Durch dieses Zusammenwirken treten an der Wasserseite der Sperre trotz der völligen Entlastung Zugspannungen auf, die den vorhandenen Druckspannungen infolge Eigengewicht zu überlagern sind; an der Luftseite hingegen stellen sich zusätzliche Druckspannungen ein, und im Beton der neuen Etappe treten Zugspannungen auf.

Der Spannungszustand im Mauerkörper der neuen Etappe bei abgesenktem Stauziel ist somit dadurch gekennzeichnet, daß die an der

Wasserseite verbleibenden Druckspannungen geringer sind als sie der
reinen Gewichtswirkung, ohne diese Störung, entsprechen und außerdem an der Luftseite Zugspannungen auftreten. Letztere sind praktisch
bedeutungslos, da die Mauer bei einer späteren Füllung des Staubeckens
in diesem Bereich zusammengedrückt wird. Wesentlich ungünstiger
sind die Verhältnisse an der Wasserseite, da bei mehreren Etappen und

Wiederholung des Vor-
gangs der Verlust an
Druckspannungen so groß
werden kann, daß die Si-
cherheit des fertigen Bauwerks bei vollem Becken
ernsthaft gefährdet wird.

Wie in Abb. II/55 er-
sichtlich, beträgt für den
Mauerhorizont 2200 der
Druckspannungsverlust
an der Wasserseite zwi-
schen der ersten und zweiten Etappe $+44$ t/m²;
dieser Wert entspricht
der Differenz der allein
vom Wasserdruck hervor-
gerufenen Normalspan-

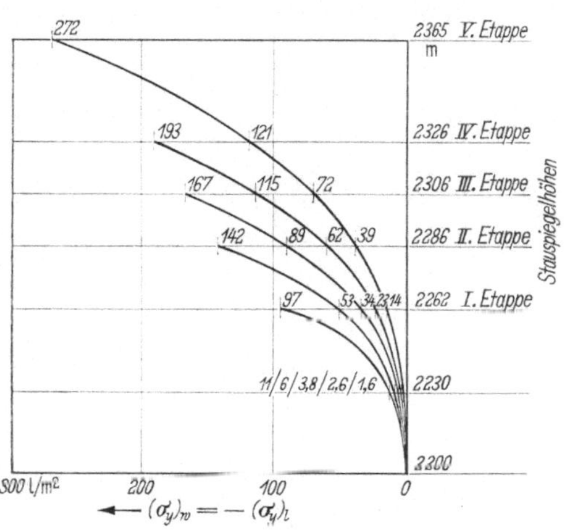

Abb. II/56. Staumauer Grande Dixence — Mauerhorizont
2200. Normalspannungen an der Luft- und Wasserseite der
verschiedenen Etappen hervorgerufen von der Wasserlast

nungen am wasserseitigen Rand (Stauziel auf Kronenhöhe der ersten
Etappe, Kote 2262), berechnet für den vollen Querschnitt des wirksamen
Mauerprofils der ersten und zweiten Etappe; er kann auch dem in
Abb. II/56 für denselben Mauerhorizont dargestellten Diagramm für
die in den verschiedenen Etappen an der Luft- und Wasserseite auf-
tretenden Normalspannungen infolge Wasserlast entnommen werden.
Setzen wir den möglichen Fall voraus, daß während der Erhöhung jeder
Teilstaumauer der Stauspiegel so hoch als möglich gehalten wird, so
verteilen sich die Druckverluste auf die einzelnen Etappen wie folgt:

Nach Ausführung der 2. Etappe: $97 - 53 = 44$ t/m²
Nach Ausführung der 3. Etappe: $142 - 89 = 53$ t/m²
Nach Ausführung der 4. Etappe: $167 - 115 = 52$ t/m²
Nach Ausführung der 5. Etappe: $193 - 121 = 72$ t/m²

Gesamter Druckverlust   221 t/m²

Mit Berücksichtigung der Eigengewichtsspannungen an der Wasserseite nach Abb. II/54 lassen sich für die einzelnen Etappen für den Lastfall volles Becken nach Gl. (II/58) die in Abb. II/57 angegebenen Werte

für die vorhandenen Abminderungsbeiwerte des Sohlen- und Fugenwasserdrucks für die beiden Grenzfälle mit und ohne Druckverlust berechnen; für das fertige Bauwerk beträgt λ_{vorh} im günstigsten Fall
$+0{,}87$ und im ungünstigsten $-0{,}47$. Der günstigste Fall kann nur erreicht werden, wenn während des Aufbetonierens einer neuen Etappe
der Stauspiegel entsprechend abgesenkt wird oder andere zweckdienliche Maßnahmen getroffen werden. Wir wollen uns damit eingehender
im folgenden befassen.

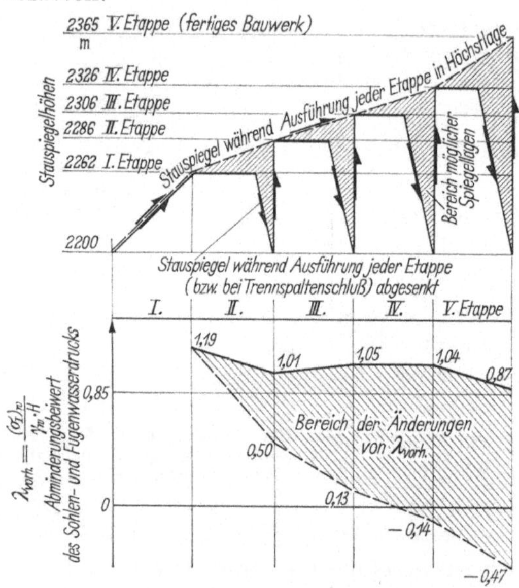

Abb. II/57. Staumauer Grande Dixence — Mauerhorizont 2200. Einfluß der Stauhaltung während der Herstellung der Etappen auf den Abminderungsbeiwert für Sohlen- und Fugenwasserdruck

Zusammenfassend kann gesagt werden, daß es zur Erhaltung
der Standsicherheit des Bauwerks unumgänglich notwendig ist, für die
schrittweise Ausführung der einzelnen Bauabschnitte der Sperre ein
Stauprogramm vorzuschreiben, welches ein Absinken des Abminderungsbeiwertes des Sohlen- und Fugenwasserdrucks auf ein unzulässiges
Maß verhindert.

γ) **Trennspalten.** Wie eben erwähnt, bestünde eine einfache Lösung
des Problems darin, indem man vorschreibt, daß während der Ausführung einer neuen Etappe der Beckenspiegel abgesenkt gehalten
wird. Diese Vorschrift ist aber in keiner Weise mit einer wirtschaftlichen
Nutzung des Speicherbeckens vereinbar, so daß eine andere brauchbare
Lösung gefunden werden muß.

Da es während der teilweisen Füllung des Beckens (Zwischenstau)
ausreicht, die Versteifung der bereits ausgeführten Teilstaumauer durch

Aufbetonieren an der Luftseite vorübergehend zu verhindern, kann man die prismatischen Betonblöcke einer neuen Etappe durch Spalten, welche sich über die ganze Luftseite verteilen, voneinander trennen. Diese Spalten werden dann später bei abgesenktem Stauspiegel geschlossen. Auf diese Art und Weise kann der Betonierfortschritt an der Luftseite ungeachtet von der Lage des Beckenspiegels vor sich gehen. Lediglich der Spaltenschluß, welcher die Mauerblöcke an der Luftseite solidarisch verbindet, muß bei abgesenktem Beckenspiegel erfolgen.

Bei dieser grundsätzlich möglichen Lösung des Problems ist allerdings noch die Frage der Anzahl und der Verteilung dieser Trennspalten zu klären. Im Interesse der Bauausführung liegt es, deren Anzahl auf ein Minimum zu beschränken. Man begreift leicht, daß es bei den üblichen Abmessungen der Mauerblöcke nicht nötig sein wird, sämtliche Blöcke durch Spalten voneinander zu trennen; sofern ihre Anzahl hinreichend ist, wird deren Wirkung sich von der Ideallösung (sämtliche Blöcke voneinander getrennt) nur wenig unterscheiden. Im Zusammenhang mit dem Projektstudium der Staumauer Grande Dixence wurde diese Frage durch spannungsoptische Versuche geklärt. Die Versuche wurden schrittweise mit zunehmender Anzahl der Trennspalten durchgeführt. Abb. II/58 zeigt das Isochromatenbild für das Mauerprofil nach Fertigstellung des zweiten Bauabschnitts, ausgeführt ohne Trennspalten; Abb. II/59 jenes für dasselbe Profil mit fünf Trennspalten, bei einer Belastung, die dem Wasserdruck aus dem Stauraum, Stauziel auf Kronenhöhe der ersten Etappe, entspricht. Die Eigengewichtswirkung wurde nicht in die Betrachtung einbezogen, da sie rechnungsmäßig gut abgeschätzt werden kann und durch sie die Versuchsbedingungen nur unnötig kompliziert werden. In Abb. II/59 erkennt man deutlich, daß die Mauerblöcke, getrennt durch Spalten, bei der Belastung praktisch spannungsfrei bleiben (schwarz gefärbte Bereiche, Isochromate 0). Dies ist bei weitem nicht der Fall, wenn man keine Trennspalten anordnet (s. Abb. II/58). Die in beiden Abbildungen deutlich erkennbaren Spannungskonzentrationen in den einspringenden Ecken der abgestuften Luftseite sind ungefährlich, da sie sich in einem gedrückten Bereich der Mauerscheibe befinden. Wichtiger als diese Feststellung ist aber die Spannungsauswertung an der Wasserseite. Eine eingehende Untersuchung beider Isochromatenbilder ergab eindeutig, daß im zweiten Fall (5 Trennspalten) die Staumauer wesentlich mehr entlastet wird als im ersten (ohne Trennspalten). Aus der Versuchsreihe konnte gefolgert werden, daß für diesen Bauabschnitt mindestens fünf Trennspalten nötig sind. Eine Vergleichsrechnung zwischen dem abgestuften und dem sogenannten wirksamen Mauerprofil (geradlinige Luftseite ohne Stufen) zeigte fernerhin, daß die Abstufung wohl die Spannungsverteilung an der Luftseite verändert, aber praktisch keinen Einfluß auf die Spannungen im Bereiche der Wasserseite hat. Der trotz der Anordnung der Trennspalten infolge Versteifung des Mauerquerschnitts hervorgerufene Druckverlust an der Wasserseite jeder Etappe konnte ebenfalls den Ergebnissen der Versuchsreihe entnommen werden. Dieser sogenannte Trennspalteneffekt betrug im Falle der Sperre Grande Dixence in tiefer gelegenen Mauerhorizonten etwa $+5\ \mathrm{t/m^2}$ für die zweite und ungefähr $+3\ \mathrm{t/m^2}$ für die letzte Etappe.

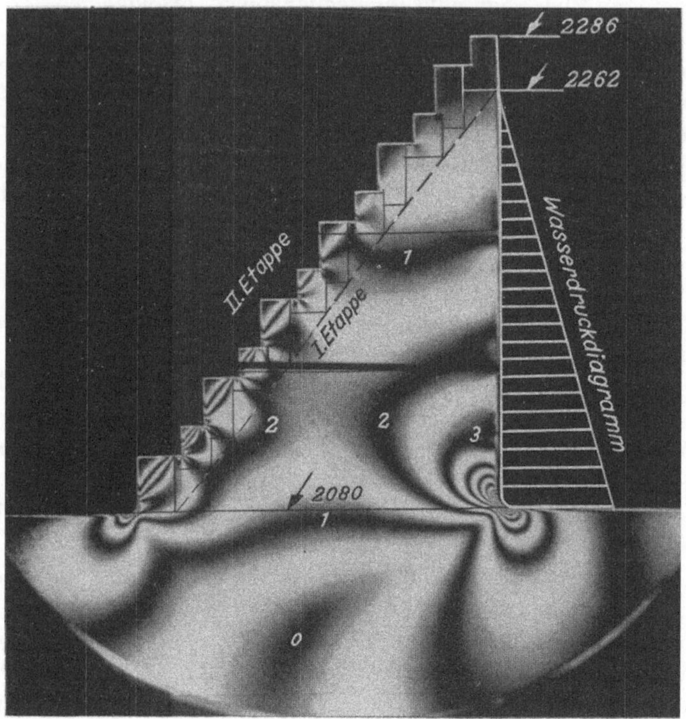

Abb. II/58. Staumauer Grande Dixence. Mauerquerschnitt nach Ausführung der II. Etappe. Spannungsoptischer Versuch zur Untersuchung des Spannungszustandes verursacht vom Wasserdruck. Isochromaten (Linien gleichen Hauptspannungsunterschiedes) bei zirkular polarisiertem Natriumlicht. Modellmaterial CR 39. Ausgeführt im Laboratoire de Statique des Constructions de l'Ecole polytechnique de l'Université de Lausanne

Die beschriebenen Maßnahmen, beruhend auf der Anordnung von zahlreichen Trennspalten (etwa zwischen jedem zweiten Block an der Luftseite, vgl. Abb. II/59) sind erforderlich, wenn es bei der Planung nicht möglich ist, den Betonierfortschritt mit dem Stauprogramm in Einklang zu bringen, und eine große Freizügigkeit in der Nutzung des Speichers während der Bauausführung gewünscht wird. Eine wesentliche Verringerung der Anzahl der Trennspalten kann erreicht werden, wenn Betonier- und Stauprogramm aufeinander abgestimmt werden.

Aus dem Vorhergesagten geht hervor, daß gegen die Herstellung einer Staumauer in mehreren Etappen in Blockbauweise keine statischen Einwände zu machen sind, wenn es möglich ist, zu garantieren, daß bei der Ausführung einer neuen Etappe der Beckenspiegel niemals

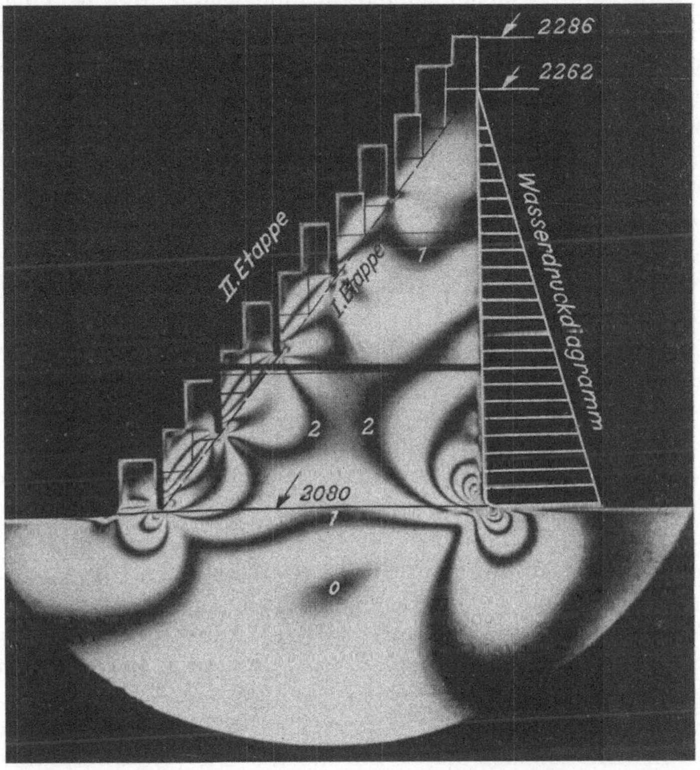

Abb. II/59. Staumauer Grande Dixence. Mauerquerschnitt nach Ausführung der II. Etappe mit Trennspalten.
Spannungsoptischer Versuch zur Untersuchung des Spannungszustandes verursacht vom Wasserdruck. Isochromaten (Linien gleichen Hauptspannungsunterschiedes) bei zirkular polarisiertem Natriumlicht. Modellmaterial CR 39. Ausgeführt im Laboratoire de Statique des Constructions de l'Ecole polytechnique de l'Université de Lausanne

höher zu liegen kommt als die in Arbeit befindliche Betonierschicht. Wenn Betonier- und Stauprogramm derartig koordiniert werden können, so kann von der Anordnung der Trennspalten völlig Abstand genommen werden. Dieser Bedingung konnte bei der Ausführung der Sperre Grande Dixence weitestgehend entsprochen werden, so daß die ursprünglich vorgesehene, verhältnismäßig große Anzahl von Trennspalten stark herabgesetzt werden konnte; kann sie nicht eingehalten werden, so ist die Verbindung des Betons einer neuen Etappe mit dem der vorangegangenen durch Trennspalten vorübergehend zu unterbrechen. Das Ausbetonieren und Injizieren dieser Spalten sollte zu einem Zeitpunkt erfolgen, wo der Beckenspiegel tiefer liegt als der Boden der Spalte.

Abschließend sei nochmals darauf hingewiesen, daß bei einer etappenweisen Ausführung einer Staumauer mit Zwischenstauhaltungen Betonier- und Stauprogramm eingehend zu untersuchen sind, um ungünstige, unvorhergesehene statische Wirkungen zu vermeiden und die Mehrkosten für die Ausführung infolge Anordnung von Trennspalten auf ein Minimum zu beschränken.

δ) **Kraftübertragung an der Luftseite der einzelnen Bauabschnitte.** Die erforderliche Verbundwirkung zwischen Baublöcken verschiedenen Alters zweier aufeinanderfolgender Etappen (nach Ausbetonieren und Injektion der Trennspalten) wird nur dann erreicht, wenn die Übertragung der Kräfte entlang der horizontalen und vertikalen Begrenzungsflächen der Baublöcke verschiedenen Alters einwandfrei erfolgt. Bei niedrigen Sperrenwerken, wo die Spannungen im Mauerinneren klein bleiben, kommt der Frage der Kraftübertragung an den Begrenzungsflächen der prismatischen Blöcke nur geringe Bedeutung zu. Bei hohen Sperren, die für einen abschnittsweisen Ausbau in Frage kommen, erreichen diese Spannungen jedoch größere Werte und machen es erforderlich, geeignete Maßnahmen zu treffen, um den monolithischen Zusammenhang dieser Baublöcke trotz der Nachteile, die die Aufbringung von Frisch- auf Altbeton mit sich bringt, zu garantieren. Form und Neigung der Begrenzungsflächen, sowie die Haftung des Frischbetons auf den Beton einer bereits ausgeführten Etappe, bedürfen einer eingehenden Untersuchung.

Grundsätzlich kann dazu gesagt werden, daß in horizontalen Schnittflächen im Inneren der Mauer im allgemeinen verhältnismäßig hohe Normal- und nicht allzu große Tangentialspannungen auftreten. Eine einwandfreie Kraftübertragung entlang der horizontalen Begrenzungsflächen der prismatischen Baublöcke erscheint daher gesichert. Trotzdem ist es angezeigt, sie mit einer etwa 10%igen Neigung (ansteigend gegen die Luftseite) auszuführen. Wesentlich ungünstiger sind die Verhältnisse entlang vertikaler Begrenzungsflächen, da die auf vertikale Schnittflächen im Bereiche der Luftseite einwirkenden Normalspannungen verhältnismäßig gering und die zugehörigen Tangentialspannungen in der Größe der in horizontalen Schnittflächen auftretenden Schubspannungen sind. Sobald das Verhältnis von Tangential- zu Normalspannungen größer als 0,75 (max. 0,80) ist, kann angenommen werden, daß der Verbund nur gesichert ist, wenn der Scherwiderstand durch die Kohäsion genügend vergrößert wird. Zur Erläuterung möge der in Abb. II/60 dargestellte Teil im Mauerinneren und der Spannungszustand im Punkte A dienen. Würde man die einzelnen Baublöcke mit ebenen Vertikalflächen begrenzen, so muß man befürchten, daß die Kohäsion entlang dieser Arbeitsfugen auch bei sorgfältiger Ausführung gering oder selbst Null ist. Um eine einwandfreie Kraftübertragung

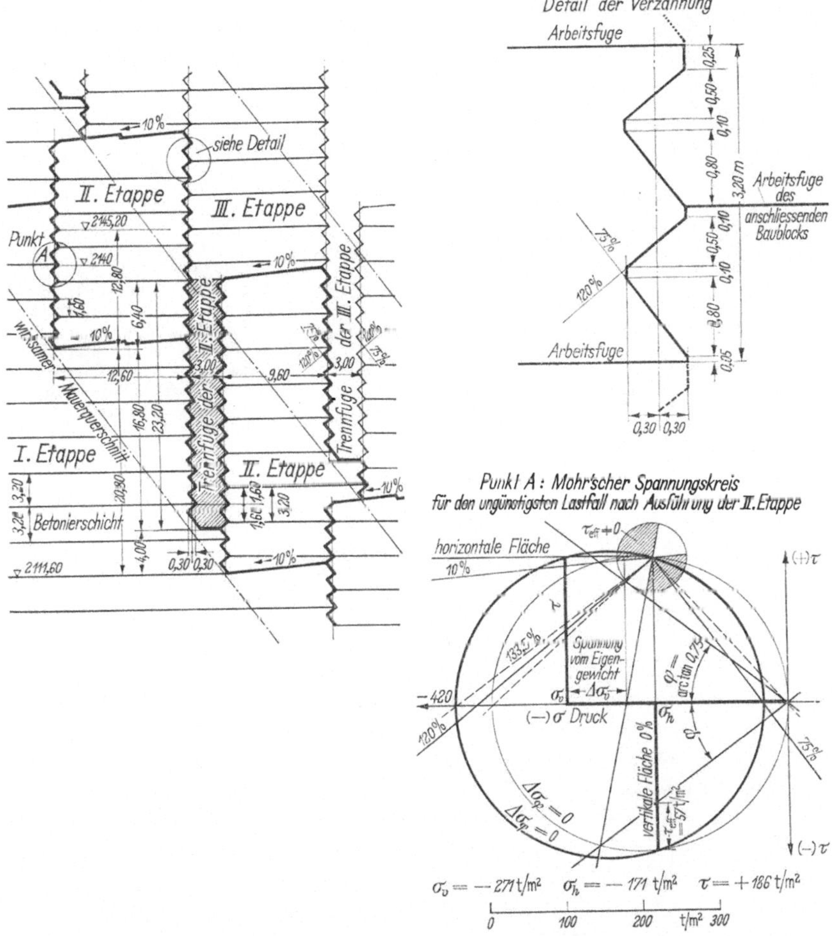

Abb. II/60. Staumauer Grande Dixence. Trennspalten und Verzahnung der prismatischen Baublöcke. MOHRscher Spannungskreis für den Punkt A

zu gewährleisten, ist es daher angezeigt, die vertikalen Flächen derart zu verzahnen, daß die Richtung der Oberflächen der Verzahnung möglichst mit der der Hauptnormalspannungen übereinstimmt.

Im Zusammenhang mit dem Studium des Ausführungsentwurfes der Talsperre Grande Dixence wurde auch dieses Problem spannungsoptisch untersucht. Die Versuche gaben auch Aufschluß über die Um-

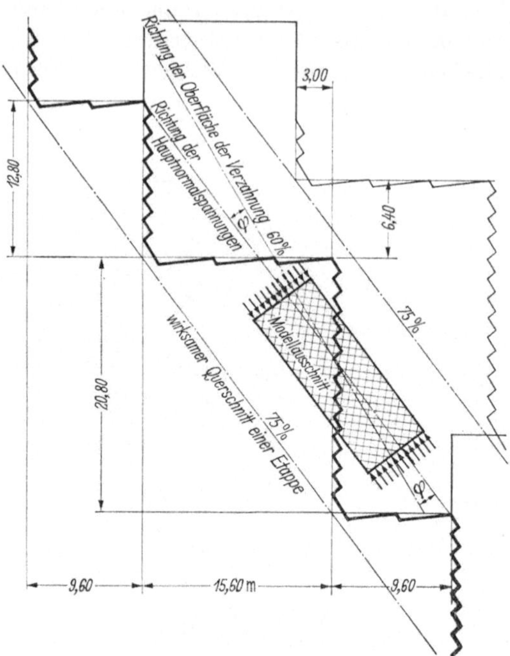

Abb. II/61. Staumauer Grande Dixence. Spannungsoptischer Versuch zur Untersuchung der Kraftübertragung entlang der verzahnten Begrenzungsflächen der Baublöcke. Darstellung des Modellausschnitts

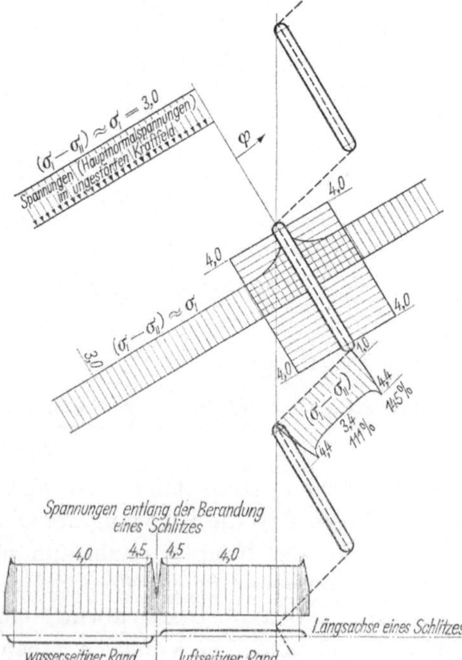

Abb. II/62. Spannungsverlauf an den Begrenzungsflächen der Verzahnung der Baublöcke und in deren Umgebung: die Richtung einer Hauptspannung stimmt mit der der Oberfläche der Verzahnung überein ($\varphi = 0°$). Ergebnis eines spannungsoptischen Versuchs

bildung des Spannungszustandes für den Fall, wenn ein Gleiten entlang der zur Luftseite annähernd parallelen Oberflächen der Verzahnung auftritt.

Die Versuchsanordnung für das in Frage kommende Spannungsfeld ist in Abb. II/61 schematisch dargestellt. Das Ablösen von der Verzahnung längs der Flächen mit 75%iger Neigung wurde im Versuch durch eine Aufeinanderfolge von Schlitzen, die in die Modellplatte gesägt wurden, nachgeahmt. Die wesentlichsten Versuchsergebnisse sind in den Abb. II/62, II/63 und II/64 wiedergegeben. Für den Fall, wo die Oberflächen der Verzahnung parallel zu der Hauptspannungsrichtung sind, $\varphi = 0°$ (Abb. II/62), erleidet der Kraftfluß, wie vorauszusehen, auch bei Ablösen von diesen Flächen nur sehr geringe Störungen. Lediglich an den Spaltenden kommt es zu einer unbedeutenden Spannungskonzentration. Im Falle, wo die Oberflächen der Verzahnung mit der Hauptspannungsrichtung einen gewissen Winkel einschließen, z. B. $\varphi = 10°$ (Abb. II/63) und $\varphi = 20°$ (Abb. II/64), ist die Umbildung im Kraftfluß ziemlich bedeutend. Diese Tatsache geht in sehr anschaulicher Weise aus dem Isochromatenbild für $\varphi = 20°$, Abb. II/65, hervor. Die Spannungskonzentrationen an den Spaltenden sind wesentlich größer und erreichen einen vielfachen Wert der Spannungen (Hauptnormalspannungen) im ungestörten Kraftfeld. Dadurch wird auch die Spannungsverteilung in der Lagerfuge beeinflußt, welche keineswegs mehr gleichmäßig ist.

Diese Versuche zeigen deutlich, wie wichtig es ist, die Form der Verzahnung eingehend zu untersuchen. Dieselben Überlegungen sind auch gültig für die über die ganze Höhe der Mauerblöcke durchgehenden Längsfugen, die bei der Ausführung der ersten Etappe vorzusehen sind.

ε) Einfluß der Verformungen des Betons infolge Abkühlung und Schwinden. Wenn die Betoneinbringung einer Etappe kontinuierlich über die ganze Länge der Luftseite vor sich ginge, könnte man befürchten, daß es durch die Abkühlung und das Schwinden der Betonmasse zu Rißbildungen kommen könnte. Günstig ist jedoch die doppelte Wirkung der eben besprochenen Trennspalten, da sie einerseits den Abkühlvorgang eines ausgeführten Blocks, der mit allen Seitenflächen und seiner Oberfläche mit der Außenluft in Berührung steht, beschleunigen (Kühlspaltwirkung) und andererseits dem Beton zwischen zwei Trennspalten die Möglichkeit geben, sich (beinahe) unbehindert zu verformen (Verkürzung). Nachdem mit dem Ausbetonieren der Trennspalten einer Etappe meist ein Jahr gewartet werden kann, ohne daß der Baufortschritt dadurch gehemmt wird, kann angenommen werden, daß ein thermischer Gleichgewichtszustand zwischen dem Beton verschiedenen Alters erreicht werden kann; die Gefahr einer Öffnung der Anschlußfugen zwischen dem Füllbeton der Trennspalten und dem des Sperren-

9*

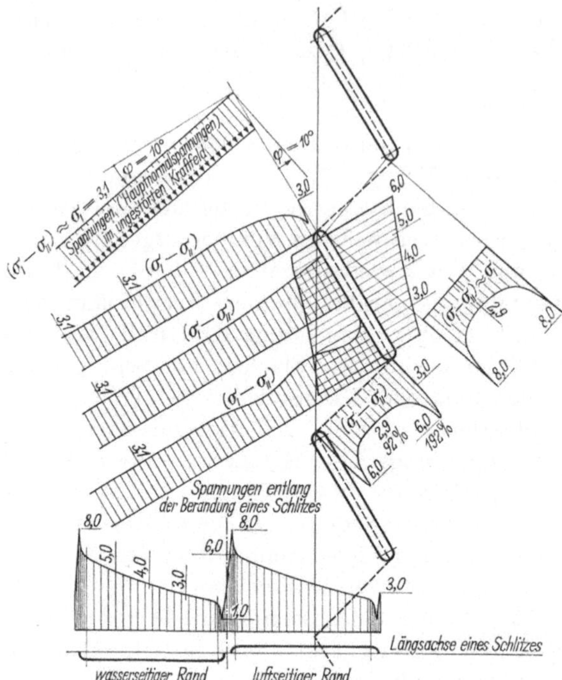

Abb. II/63. Spannungsverlauf an den Begrenzungsflächen der Verzahnung der Baublöcke und in deren Umgebung: die Richtung einer Hauptspannung schließt mit der der Oberfläche einen Winkel von 10 Grad ein ($\varphi = 10°$). Ergebnis eines spannungsoptischen Versuchs

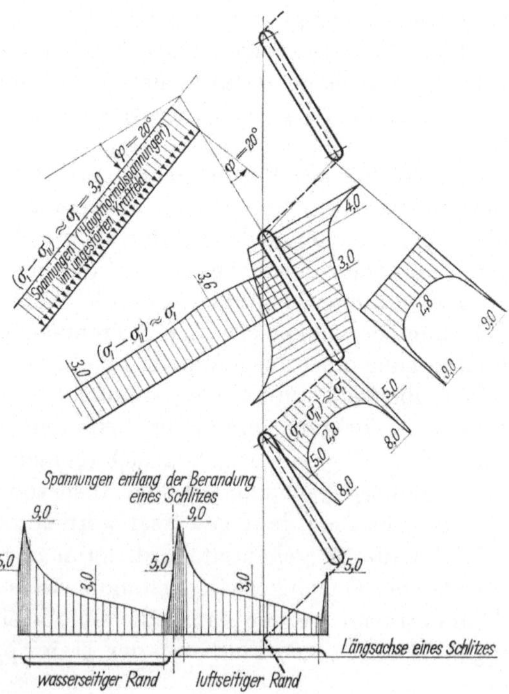

Abb. II/64. Spannungsverlauf an den Begrenzungsflächen der Verzahnung der Baublöcke und in deren Umgebung: die Richtung einer Hauptspannung schließt mit der der Oberfläche einen Winkel von 20 Grad ein ($\varphi = 20°$). Ergebnis eines spannungsoptischen Versuchs

betons ist daher nicht sehr groß. Trotzdem ist eine Fugeninjektion mit niedrigem Druck in diesen Anschlußflächen auf jeden Fall angezeigt. Von einer rechnerischen Erfassung dieser Einflüsse kann meist abgesehen werden.

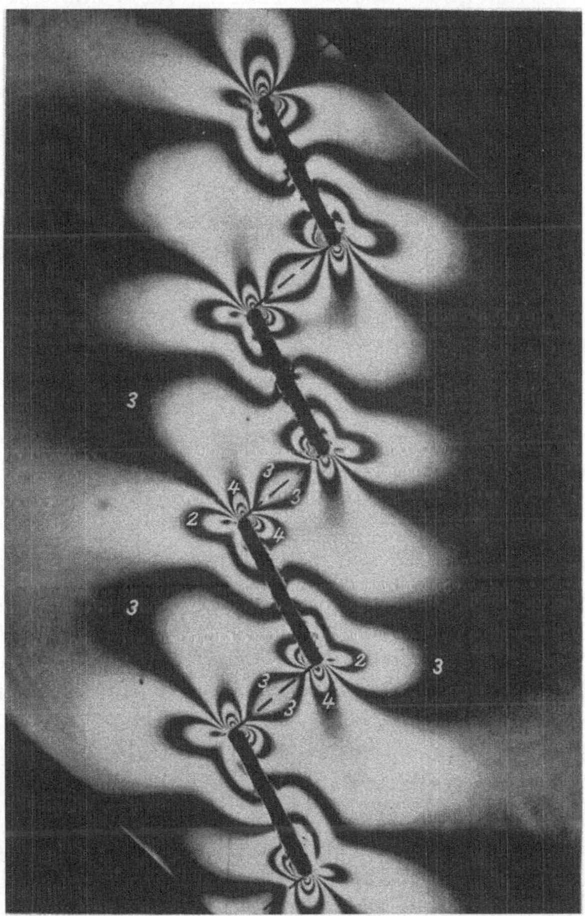

Abb. II/65. Staumauer Grande Dixence. Spannungsoptischer Versuch zur Untersuchung der Kraftübertragung entlang der verzahnten Begrenzungsflächen der Baublöcke.
Isochromaten (Linien gleichen Hauptspannungsunterschiedes) bei zirkular polarisiertem Natriumlicht für den Fall, wo die Richtung einer Hauptspannung mit der der Oberfläche eines Zahnes einen Winkel von 20 Grad einschließt ($\varphi = 20°$; s. Abb. II/64)

c) Etappenweiser Ausbau in Plattenbauweise

α) Gesamtanordnung. Bei der Erhöhung der Staumauer durch schrägliegende Platten ist das Problem der Ausführung und Behandlung der provisorischen Fuge zwischen der luftseitigen Begrenzungsfläche der bereits ausgeführten Teilstaumauer und dem Beton der neuen Etappe von baulicher Seite her zu lösen (s. Abb. II/51b). Zweck dieser Trennfuge ist, die nachteiligen Wirkungen einer unregelmäßigen, nicht in einem Programm erfaßbaren Stauhaltung während der Bauausführung auf das fertige Bauwerk auszuschalten, indem eine Versteifung der bereits fertiggestellten Teilstaumauer durch den an der Luftseite neueingebrachten Beton verhindert wird (vgl. Abschn. 6a, S. 116). Der Fugenschluß und die Herstellung des Verbundes zwischen beiden Etappen erfolgt zum günstigsten Zeitpunkt bei abgesenktem Beckenspiegel.

Neben anderen bereits verwendeten Verfahren der Ausführung derartiger Trennfugen und deren späterer Verkittung erscheint eine Lösung, die deren Verwirklichung durch eine dünne Kiesschicht vorsieht, interessant; diese Kiesschicht wird zu einem geeigneten Zeitpunkt mit einem Zementmörtel injiziert (Prepaktverfahren oder dgl.). Bei dieser Ausführung der Trennfuge muß man in statischer Hinsicht eine gewisse Unsicherheit in Kauf nehmen, da der Reibungsbeiwert zwischen den schrägliegenden Betonplatten und der darunterliegenden Kiesmatratze bei der Ausführung gewissen Schwankungen unterliegt, so daß für ihn nur Mittelwerte angegeben werden können. Eine statische Berechnung sollte diesem Umstand Rechnung tragen und die Verhältnisse für den oberen und unteren Grenzwert des Reibungskoeffizienten erfassen.

Andererseits bietet die Lösung der schrittweisen Erhöhung der Staumauer mit schrägen Platten den Vorteil, daß mit Ausnahme im oberen Mauerteil die Trennfugen annähernd in Richtung scherspannungsfreier Flächen liegen und für die Ausführung der Zwischenetappen kein über das tragende Profil hinausgehender Beton und keinerlei Verzahnung benötigt wird.

β) Einfluß der Herstellung der schrägliegenden Platten auf das statische Verhalten des fertigen Bauwerks. In Abb. II/66 ist eine Staumauer, deren Ausführung in drei Abschnitten vorgesehen sein möge, schematisch dargestellt. Betrachten wir zunächst den Zustand nach der Herstellung der zweiten Etappe. Ein Gleichgewichtszustand kann nur aufrechterhalten werden, solange die Stützkraft S nicht über den luftseitigen Fußpunkt der ersten Etappe hinausgeht, da bei den üblichen Neigungen der Luftseite der Staumauern der Scherwiderstand in der Kiesschicht allein nicht ausreicht, ein Abgleiten des Betonkörpers der zweiten Etappe zu verhindern. Versuche haben gezeigt, daß für das Füllmaterial, runder oder gebrochener Kies, die Reibungsbeiwerte im Bereich der in Frage kommenden Druckspannungen von der Größenordnung 2,5 bis 5,0 kg/cm² zwischen etwa 0,9 und 1,10 liegen. Somit beträgt ein Mittelwert etwa 1,0. Die Stützkraft S ist also zur Aufrechterhaltung des Gleichgewichts notwendig; um gegen ein Aufreißen der

Anschlußfuge Beton auf Fels BC gesichert zu sein, muß sie außerdem im Kernquerschnitt verbleiben. Gleitung kann nur dann eintreten, wenn der Widerstand gegen Drehen der Masse der Betonplatte im Gegenuhrzeigersinn (Linksdrehung) durch Reibung (und Kohäsion) in der Gleitfläche $B'BC$ nicht hinreichend ist. Da in der Kiesfuge keine Kohäsionsspannungen auftreten und diese auch in der Horizontalfuge BC nur sehr gering und außerdem veränderlich sind, bleiben sie bei einer Standuntersuchung besser gänzlich unberücksichtigt.

Eine sichere Aussage über die Gleitsicherheit und den Spannungszustand in der Staumauer nach der Herstellung einer Platte kann nur dann gemacht werden, wenn die Vorteilung der Normal- und Reibungsspannungen in der Kiesschicht (Gleitfläche $B'B$) angegeben werden kann. Die tatsächliche Verteilung dieser Spannungen bleibt unbekannt, wenn man nicht auf die Formänderungen des Betonkörpers und der Sandschicht eingeht. Da derartige Berechnungen sehr verwickelt und zeitraubend sind, kommen sie für praktische Fälle wohl kaum in Frage. Wir müssen uns daher

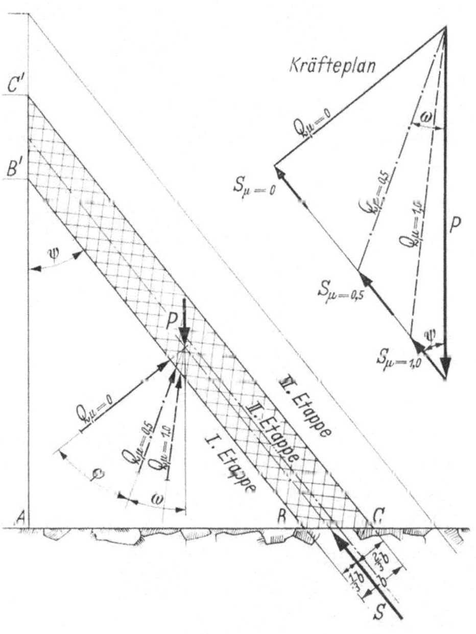

Abb. II/66. Etappenweiser Ausbau einer dreieckförmigen Staumauer in Plattenbauweise. Kräfteplan für $\mu = 0$, $0,5$ und $1,0$

mit abschätzenden Verfahren begnügen, um ein einigermaßen richtiges Bild vom statischen Verhalten des Bauwerks zu erhalten.

Die Herstellung einer Etappe (Plattendicke etwa 15 m) erfolgt in horizontalen Betonierschichten, die unmittelbar an die luftseitige Kiesschicht der bereits ausgeführten Teilstaumauer anschließen. Da die Kiesschicht annähernd gleichmäßig zusammengedrückt wird, besteht Grund zur Annahme, daß die schrägliegende Platte, ähnlich wie eine Säule, nur durch Druck beansprucht wird. In Abb. II/66 ist der Verlauf der Kräfte für den Fall eingetragen, daß die Stützkraft S durch den wasserseitigen Kernpunkt der Fläche BC geht.

Die Größe der Stützkraft S hängt von der Größe des Reibungswiderstandes in der Kiesschicht ab. Ein maximaler Wert für S ergibt sich,

10*

wenn wir letzteren Null setzen. Selbst für diesen außerordentlich ungünstigen Fall ergeben sich bei Staumauern üblicher Abmessungen für die Hauptspannungen in der Platte noch durchaus annehmbare Werte. Für praktische Zwecke wird man die Berechnung mit zwei Grenzwerten (oberer und unterer Grenzwert) der inneren Reibung der Kiesschicht durchführen. Für die Herstellung des Kiesbettes wird man in vorteilhafter Weise einen Kies mit derselben Kornzusammensetzung wie die der Zuschlagstoffe des Sperrenbetons — ausgenommen den Anteil an Feinsand, der später mit dem Zementmörtel injiziert wird — verwenden. Mittels dieser Berechnung ergibt sich Lage und Größe der Resultierenden der Normalspannungen in der Kiesschicht. Ein Mittelwert dieser Normalspannungen kann erhalten werden, wenn wir diese gleichförmig über die Gleitfläche $B'B$ verteilt annehmen. Über die genaue Verteilung derselben kann aus den bereits erwähnten Gründen keine Aussage gemacht werden. Von der Anwendung eines Verfahrens, aufgebaut auf die vom Grundbau her bekannten Verfahren zur Berechnung von Rutschungen, bei welchen man versucht, durch Einteilung des Betonkörpers entlang der Gleitfläche $B'B$ in vertikale Lamellen und Annahmen über den Sohldruck derselben zu einer Kurve für die Verteilung der Normalspannungen im Kiesbett zu gelangen, ist abzuraten. Scheut man sich vor einer langen Berechnung, welche den Formänderungen gerecht wird, und will man die Unsicherheiten des geschilderten, näherungsweisen Verfahrens nicht in Kauf nehmen, so ist es besser, den Versuchsweg zu beschreiten. In Abb. II/66 kann man auch erkennen, daß sich die Verhältnisse in der Gleitfläche der Kiesschicht auch für andere Lagen der Stützkraft S (z. B. zentrische Lage) nur wenig ändern. Mit Hilfe der getroffenen Annahmen ist es also möglich, in jedem beliebigen Mauerhorizont nach Fertigstellung einer Etappe den Spannungszustand in einfacher Weise zu berechnen. Sollte die Erhöhung der zweiten Etappe über Kronenhöhe der ersten nach der Injizierung der Kiesfuge erfolgen, so muß dieser Umstand bei der Berechnung selbstverständlich berücksichtigt werden. Die Untersuchung kann in ähnlicher Weise für mehrere Etappen fortgesetzt werden.

Die Vorschriften betreffend die Absenkung des Stauzieles vor dem Fugenschluß sind grundsätzlich dieselben wie die bei der Blockbauweise. Trotz der geschilderten Unsicherheiten in der statischen Berechnung scheint die Bauweise mit schrägen Platten interessant, und es dürfte sich lohnen, sie praktisch zu erproben.

7. Die nachträgliche Erhöhung von bestehenden Gewichtsstaumauern

Die nachträgliche nennenswerte Erhöhung von Talsperren, insbesondere von Gewichtsstaumauern, hat in der Wasserwirtschaft mancher Länder mit Beginn des Jahrhunderts größere Bedeutung gewonnen.

Der wesentliche Unterschied gegenüber dem wirtschaftlicheren etappenweisen und zügigen Ausbau von Sperren besteht darin, daß die nachträgliche Erhöhung ursprünglich nicht vorgesehen ist oder für diese von Anfang an keine entsprechenden Anordnungen getroffen werden. Zahlreich sind die bekannten Fälle, wo bestehende Gewichtssperren nachträglich erhöht wurden. Aufsehenerregend war die in den Jahren 1910—1912 durchgeführte erste Erhöhung der bekannten

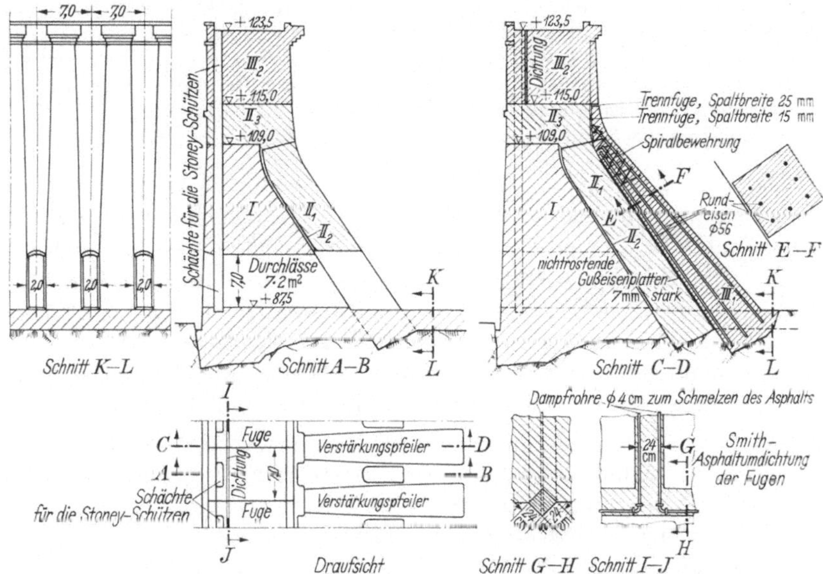

Abb. II/67. Querschnitte und Einzelheiten der Assuan-Staumauer

Assuan-Sperre (Nil, Ägypten, Abb. II/67) von rund 17% ihrer ursprünglichen Höhe, welche 30 m betrug. Eine weitere Erhöhung derselben Mauer um 30% der Höhe wurde im Jahre 1930 begonnen und 1933 abgeschlossen[1].

Die Gründe, die zu einer nachträglichen Erhöhung von bestehenden Sperren führen, sind meist verschiedener Art:

Schaffung eines größeren Speicherraumes (durch Vergrößerung des Einzugsgebietes) im Zuge der Entwicklung der Wasserwirtschaft. (Dieser Fall tritt in der Praxis öfter ein, wenn der Wasserbedarf zunimmt und ein besserer Ausgleich der Zuflußmengen erforderlich wird.)

Erweiterte und verbesserte Nutzung der Stauräume (Berichtigung der bei der Planung getroffenen wasserwirtschaftlichen Annahmen, z. B. Verbesserung der Hochwasserabfuhr).

Finanzielle Gründe, die ursprünglich nur einen beschränkten Ausbau zuließen.

---

[1] Eine ausführliche Liste erhöhter Sperren findet sich in den Berichten zum VI. Internationalen Talsperrenkongreß, Vol. I, S. 248 [*14*].

Ungünstige Gründungsverhältnisse, die es aus Sicherheitsgründen ratsam erscheinen lassen, das Bauwerk zunächst mit geringer Höhe auszuführen und erst nach Überprüfung der Verhältnisse im Betrieb zu erhöhen.

Fehlerhafte Annahmen bei der Planung des Bauwerks oder mangelhafte Ausführung. Um die notwendigen Arbeiten zu einer nachträglichen Verstärkung wirtschaftlich zu machen, werden sie oft in vorteilhafter Weise mit einer Erhöhung der Sperre verbunden. (Die Notwendigkeit hierzu kann sich bei älteren Sperrenbauten ergeben, namentlich dann, wenn der Mauerkörper leichte Zersetzungserscheinungen zeigt, nicht ausreichend bemessen wurde — Vernachlässigung oder ungenügende Berücksichtigung des Sohlenwasserdrucks — oder wenn die Gründungsverhältnisse zu beanstanden sind. Die beiden letztgenannten Gründe sind für eine Erhöhung bzw. Verstärkung des Bauwerks zwingend, während die anderen eine genaue wirtschaftliche Untersuchung der Rentabilität der zusätzlichen Arbeiten zur Erhöhung des bestehenden Bauwerks erfordern.)

Verlandung des Stauraums.

Die Erfahrung zeigt, daß die nachträgliche Erhöhung gegenüber einer Neukonstruktion nur dann wirtschaftlich erscheint, wenn der damit verbundene Gewinn des verfügbaren Speicherraumes merklich zunimmt. Die Erhöhung bestehender Sperren, mit dem Hauptziel, die Fallhöhe zu vergrößern, sind (meist) unwirtschaftlich. Die Wirtschaftlichkeit solcher Arbeiten wird wesentlich gesteigert, wenn es möglich ist, ohne nennenswerte zusätzliche Kosten bei der Ausführung der Talsperre bauliche Maßnahmen zu treffen, die eine mögliche Erhöhung zulassen.

Die nachträgliche Erhöhung bzw. Verstärkung des Bauwerks kann grundsätzlich wie folgt vorgenommen werden:

Wasserseitige Verstärkung (Abb. II/68a),

luftseitige Verstärkung (Abb. II/68b),

wasser- und luftseitige Verstärkung (Ummantelung) (Abb. II/68c),

Aufbringung eines Zusatzgewichtes (Kronenaufsatz) (Abb. II/68d),

Verwendung von Vorspanngliedern (Abb. II/68e).

Was die praktische Durchführung dieser Arbeiten betrifft, so können sie bei leerem, vollem oder teilweise gefülltem Becken ausgeführt werden. In der Praxis wird wohl meistens die Forderung nach Aufrechterhaltung des Betriebs der ursprünglichen Anlage maßgebend sein, so daß während der Durchführung der Arbeiten mit veränderlichem Beckenspiegel zu rechnen ist. Den daraus sich ergebenden Fragen des Zusammenwirkens des ursprünglichen Bauwerks mit der Verstärkung in Abhängigkeit von der Staulage während der Durchführung der Arbeiten und im fertigen Zustand ist größte Bedeutung zu schenken. Die damit verbundenen Probleme sind denen, die beim abschnittsweisen Ausbau (Abschn. II/B 6) besprochen wurden, sehr ähnlich.

Einer besonders eingehenden Untersuchung bedürfen die Gestaltung der Anschlußfuge, der Fugenschluß und die Berücksichtigung des Verformungszustandes des bestehenden Bauwerks bei der Erhöhung. Die heutige, hochentwickelte Technik der Bauausführung mit all ihren Möglichkeiten (Herabsetzung der Hydrationswärme des Betons, Herabsetzung des Schwindmaßes, Injektionen, Verankerung durch Vorspannung, usw.) bietet genügend Sicherheit, um den Verbund vom ursprünglichen Bauwerk mit dem Neubeton zu gewährleisten. Selbstverständlich sind die Bedingungen für die Durchführung der Arbeiten bei ständig abgesenktem Spiegel am günstigsten, so daß ein einwandfreies Zusammenwirken beider Teile am ehesten erzielt werden kann.

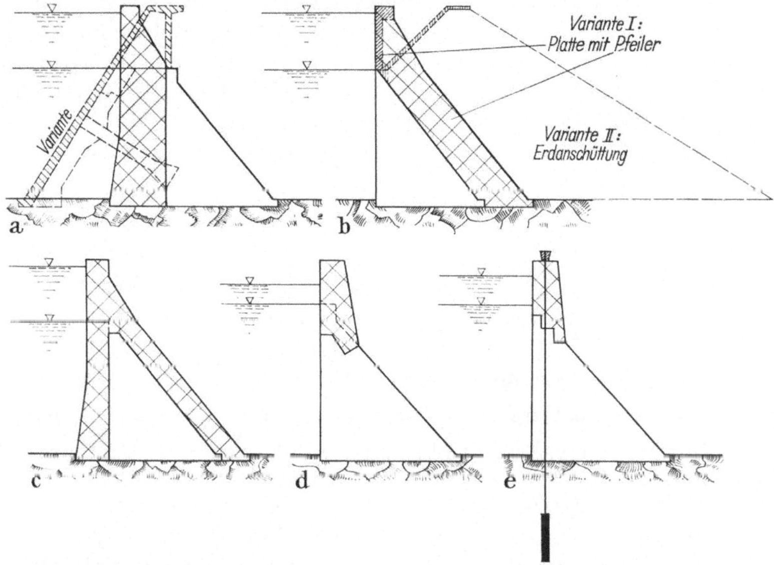

Abb. II/68. Schematische Darstellung der nachträglichen Erhöhung von Gewichtsstaumauern

Die Verhältnisse dieses Zustandes lassen sich auch theoretisch am besten erfassen. Es sei noch darauf hingewiesen, daß bei der Erhöhung von Gewichtssperren der monolithische Charakter des Bauwerks zu bewahren ist, während dies bei anderen Sperrentypen nicht unbedingt erforderlich ist.

Zu der schematischen Darstellung der Erhöhung von Gewichtssperren in Abb. II/68 sei folgendes bemerkt:

Wasserseitige Verstärkung (Abb. II/68a): Die Ausführung der Verstärkung an der Wasserseite ist der Lösung einer luftseitigen Verstärkung (Abb. II/68b) vorzuziehen, da sie wesentliche Vorteile bietet:

Die Beteiligung der Verstärkung an der Kraftübertragung ist von vornherein in vollem Umfang sichergestellt; die Bedingungen für ein Zusammenwirken beider Teile (ursprüngliche Staumauer und Verstärkung) sind infolge der plastischen Verformung des jungen Betons günstig.

Die Durchlässigkeit der Mauer kann falls erforderlich verringert werden, da bei der Durchführung der Arbeiten Maßnahmen zur Verbesserung der Dichtung und Entwässerung getroffen werden können.

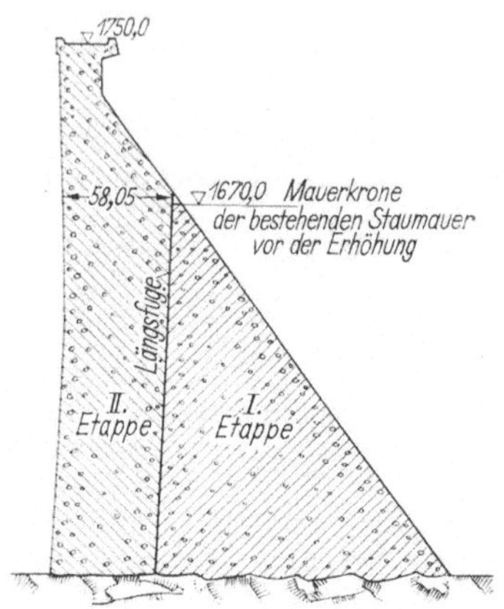

Abb. II/69. Staumauer Marshall Ford (USA). Wasserseitige Verstärkung des ursprünglichen Mauerprofils (Water Power, April 1956)

Nachteilig für den Betrieb der Anlage ist allerdings die Tatsache, daß man bei dieser konstruktiven Lösung kaum um eine zumindest vorübergehende Absenkung des Stauspiegels herumkommt, falls nicht beim ursprünglichen Ausbau besondere Maßnahmen vorgesehen wurden. (Beispiel einer Ausführung: Sperre Marshall Ford, USA, Abb. II/69.)

Luftseitige Verstärkung (Abb. II/68b): Die Verstärkung einer Staumauer an der Luftseite kann durch durchlaufende Mauerauflagen oder Herstellung von Verstärkerpfeilern (bis zur Gründungssohle durchgehend oder als Aufsatz) erfolgen.

Die Sicherung der einheitlichen Mauerwirkung ist Grundvoraussetzung für den Bestand einer auf diese Art erhöhten Staumauer.

In gewissen Fällen kann auch die Anschüttung eines Erddammes lediglich an der Luftseite erwogen werden, wie dies bei der Mulhollond-Talsperre (USA) durchgeführt und bei der Erhöhung einer deutschen Talsperre vorgeschlagen wurde (Beispiel von Ausführungen: Sperre Irabia (Spanien), Abb. II/70, Sperre Assuan (Ägypten), Abb. II/67).

Wasser- und luftseitige Verstärkung (Ummantelung der Staumauer, Abb. II/68c): Die vollständige Ummantelung der ursprünglichen Mauer kann in starrer Form mittels einer an Luft- und Wasserseite durchlaufenden Platte oder in aufgelockerter Form mittels Schüttung eines Erddamms unter Benützung der alten Mauer als Kern erfolgen. Die Anwendung der einen oder anderen Lösung mag in manchen Sonderfällen (z. B. bei besonderen geologischen Bedingungen) in Betracht zu ziehen sein.

Zur starren Ummantelung ist zu sagen, daß diese sich nicht leicht in befriedigender Weise verwirklichen läßt, da die Schwindunterschiede zwischen dem Beton des bestehenden Mauerkörpers und der Verstärkung beträchtlich sein können; angesichts dieser Tatsache erscheint die einheitliche Mauerwirkung gefährdet. Im Falle der Dammschüttung ist die Steifigkeit der Kernmauer keineswegs wünschenswert. Gegen die Wirksamkeit einer luftseitigen Erdanschüttung sind keine grundsätzlichen Bedenken vorzubringen. Die an sich hohen Baukosten für die Durchführung solcher Maßnahmen werden nur dann tragbar, wenn ein geeignetes Schüttgut in der Nähe der Baustelle vorhanden ist. Aus diesem Grunde werden heute andere Maßnahmen zur Verstärkung, insbesondere durch Verwendung von Vorspanngliedern, die ohne wesentliche Änderung der bestehenden Profilform die einheitliche Mauerwirkung ergeben, den Vorzug verdienen (Beispiel: Vorschlag zur Erhöhung der Bever-Talsperre, Abb. II/71).

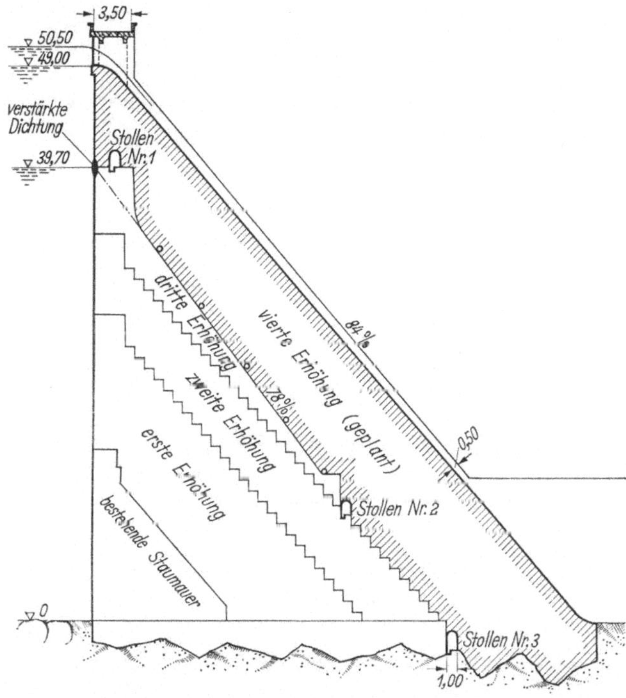

Abb. II/70. Staumauer Irabia (Spanien). Luftseitige Verstärkung. Drei Etappen vollendet, die vierte geplant [*14*]

Verstärkung durch Aufbringung eines Zusatzgewichtes ohne Basisverbreiterung (Abb. II/68d): In den heute seltenen Fällen, wo die Standfestigkeit des ursprünglichen Sperrenwerkes eine genügende Reserve aufweist, kann eine geringe Hebung des Wasserspiegels durch einen Kronenaufbau erreicht werden. Diese Lösung ist allerdings ästhetisch wenig ansprechend (Beispiel einer Ausführung: Ennepe-Staumauer, Abb. II/72; durch eine Erhöhung der Mauerkrone um 10 m wurde eine Spiegelhebung von 2,50 m und eine Vergrößerung des Stauraumes von 10,3 auf 12,6 Mio m³ erzielt).

Verwendung von Vorspanngliedern (Abb. II/68e): Die Verwendung von Vorspanngliedern zur Erhöhung von Staumauern geht auf A. Coyne zurück, der in den dreißiger Jahren erstmals wasserseitige Zuganker zur Verstärkung und einer damit verbundenen leichten Erhöhung der Sperre Cheurfas (Abb. II/73) verwendete. Hinsichtlich einer Ausfüh-

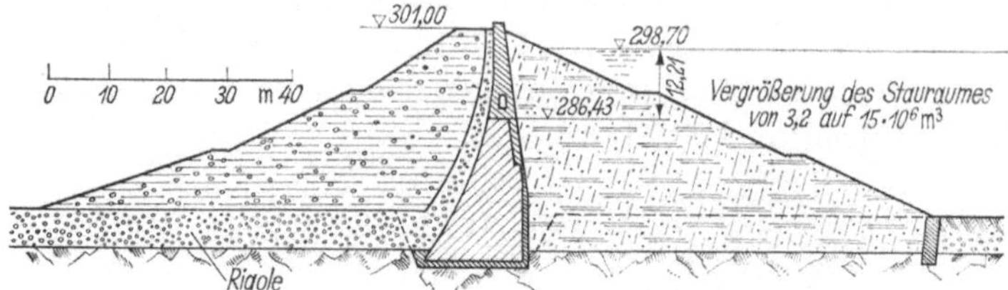

Abb. II/71. Vorschlag zur Erhöhung der Bever-Talsperre (LINK)

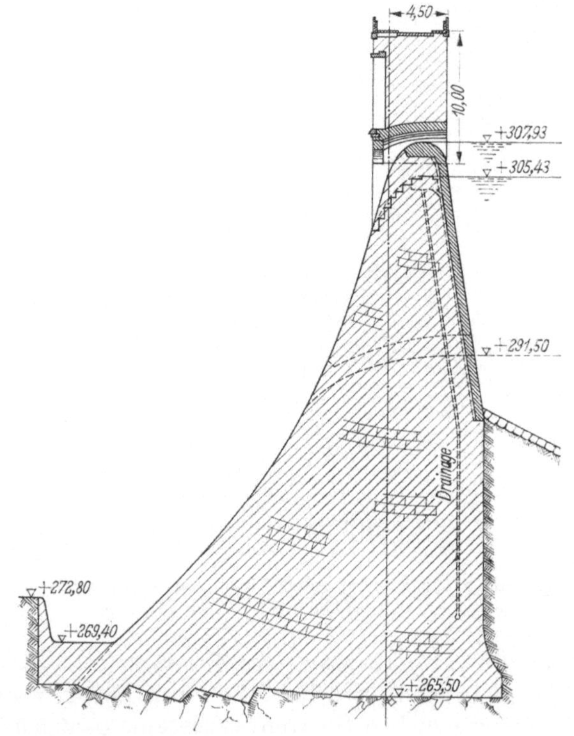

Abb. II/72. Staumauer Ennepe. Erhöhung durch Kronenaufsatz (LINK)

rung in neuerer Zeit kann auf die Sperre Avon (Höhe 29 m, Erhöhung 4,0 m) verwiesen werden.

Der Grundgedanke dieser Bauweise, bei welcher Betonmassen durch Vorspannkräfte ersetzt werden, besteht in einer Verbindung der Staumauer mit dem Felsmassiv durch Spannglieder, womit eine engere Mitwirkung des Gründungsfelsens bei der Kraftübertragung erreicht wird.

Die namentlich in den beiden letzten Jahrzehnten erzielten Fortschritte in der Vorspannbauweise haben dem Gedanken von COYNE neue Impulse verliehen; zahlreiche Berichte zum VI. Kongreß der internationalen Talsperrenkommission befassen sich mit den theoretischen und praktischen Problemen dieser Bauweise.

Das einwandfreie Verhalten und die damit verbundene Sicherheit des Bauwerks sind im wesentlichen an die Erfüllung folgender Bedingungen geknüpft:

die Verankerung der Kabel im Gründungsfels muß gesichert sein, so daß ein Herausziehen nicht zu befürchten ist;

die Vorspannkraft muß erhalten bleiben;

der Korrosionsschutz muß hinreichend sein.

Die theoretischen Grundlagen dieser Bauweise hinsichtlich Bemessung der Zuganker und deren zweckmäßigster Anordnung erschweren keinesfalls die üblichen Rechenmethoden, da die Vorspannkräfte wie äußere Kräfte zu behandeln sind, die unter sich im Gleichgewicht stehen. Die bekannten Methoden zur Bemessung von Gewichtsstaumauern können daher sinngemäß angewandt werden. Der Spannungszustand im Inneren des Mauerkörpers läßt sich auch bei dieser Bauweise mit Hilfe der Balken- oder Elastizitätstheorie bestimmen (s. auch Abschn. II/B 8). A. Z. BASSEVITCH [36] weist in einer Untersuchung eines trapezförmigen Mauerprofils darauf hin, daß die einfachere Berechnung nach der Balkentheorie günstigere Ergebnisse liefert als eine Untersuchung nach der Elastizitätstheorie. Allerdings vernachlässigt BASSEVITCH den Einfluß der Verformung des Gründungsfelsens auf den Spannungszustand im Inneren der Mauer.

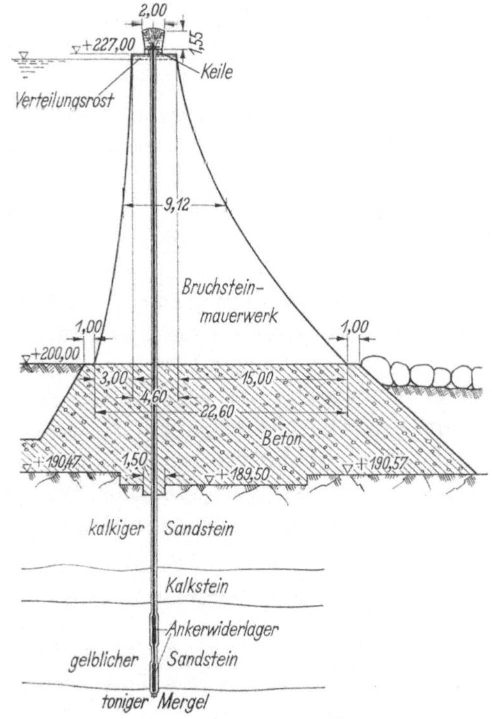

Abb. II/73.　Staumauer Cheurfas (Frankreich). Verstärkung durch Zuganker (nach COYNE)

Zweifelsohne stellt die Erhöhung von Staumauern mittels Spanngliedern, trotz kostspieliger Bohrarbeiten, die wirtschaftlich günstigste Lösung dar. Auch in statischer Hinsicht ist sie den anderen besprochenen Möglichkeiten der nachträglichen Verstärkung oder Erhöhung bestehender Sperrenwerke, die alle einen mehr oder weniger starken Eingriff in die einheitliche Mauerwirkung bedingen, überlegen. Trotzdem stehen heute noch viele Talsperrenkonstrukteure dieser Bauweise, als auch einer solchen mit Verwendung einer schlaffen Bewehrung, mit einer gewissen Zurückhaltung gegenüber. Die Gründe hierfür sind in den Bedenken zu suchen, die gegen die zur Einhaltung der erwähnten drei, für die Sicherheit des Bauwerks grundsätzlichen Bedingungen vorgebracht werden. Dabei spielen die verschiedenen Beurteilungen der bekannten Eigenschaften des Betons in Abhängigkeit vom Alter (Schwinden, Kriechen usw.), welche zu einer Verringerung der Spannkraft führen, eine wesentliche Rolle. Eine genaue Erfassung dieser von Ort zu Ort veränderlichen Formänderungen ist praktisch kaum möglich; man muß sich damit begnügen, sie im Durchschnitt zu erfassen. Von weit geringerer Bedeutung sind Vorgänge ähnlicher Art im Spannstahl selbst.

Die Auffassung, daß das Verhalten der Vorspannung mit der Lebensdauer einer Staumauer schlecht übereinstimmt und der Einfluß plastischer Verformungen des Massenbetons und des Spannstahls nicht mit genügender Sicherheit erfaßt werden kann, ist weit verbreitet. Dazu sei bemerkt, daß sich die elastischen Eigenschaften des Betons mit dem Alter verbessern. Die Vorspannung kann daher manchmal in vorteilhafter Weise zur Verwirklichung von Maßnahmen verwendet werden, die darauf hinzielen, daß diese nur bei kurz andauernder und selten auftretender Belastung in Erscheinung tritt. In diesem Sinne sind die Bedenken gegen die Verwendung der Vorspannung als „chirurgischer" Eingriff weit geringer als gegen eine, die für das statische Verhalten der Mauer ständig maßgebend ist.

Die Anwendung der Vorspannglieder kann selbstverständlich auch nur im Mauerkörper selbst zur Herstellung eines besseren Verbundes von Alt- und Neubeton, sei es bei der Erhöhung, dem etappenweisen Ausbau von Talsperren oder der Wiederherstellung teilweise eingestürzter Mauern (z. B. Talsperre Fergoug), Verwendung finden.

8. Vorgespannte Gewichtsstaumauern

Zweifelsohne stehen wir heute am Beginn der Entwicklung der Einführung des Spannbetons im Talsperrenbau. Die Anzahl der Verwirklichungen derartiger Bauwerke, die sich bisher bestens bewährt haben, nimmt ständig zu. Ob dabei in nächster Zeit wesentliche Fortschritte erzielt werden können, bleibt abzuwarten. Während bei Gewichtsstaumauern der Grundgedanke von COYNE zur Verwendung von Spanngliedern auch heute noch gültig ist, zeichnet sich eine andere interessante Verwendung bei Bogenstaumauern ab. In diesem Zusammenhang sei auf die in sich vorgespannte, dünnwandige Bogenstaumauer Tourtemagne [57] verwiesen, wo die Vorspannung hauptsächlich zur Vermeidung unzulässiger Spannungen infolge Temperaturschwankungen verwendet wurde. Ein grundsätzlicher Unterschied bei der Anwendung der Vorspannung zur Erhöhung von Gewichtsstaumauern gegenüber solchen, die von Anfang an als vorgespannte Bauwerke geplant sind, besteht nicht. Die Unterschiede sind hauptsächlich praktischer Natur, betreffend die Verwendung von Spannstählen und Spanndrähten von sehr hoher Festigkeit, die periodische Kontrolle der Vorspannung u. dgl. Es ist leicht einzusehen, daß derartige Bauwerke wirtschaftlicher erstellt werden können als nachträglich erhöhte, da sämtliche zur baulichen Durchbildung der Vorspannung erforderlichen praktischen Maßnahmen bereits im Zuge der Errichtung des Sperrenwerkes getroffen werden. Nicht zu übersehen bei der Planung vorgespannter Talsperren ist das Auftreten von Zugspannungen bei leerem Becken am luftseitigen Mauerfuß. Will man sicher gehen, so könnte man die Vorspannung bei teilweiser Füllung des Beckens vornehmen, wobei der Einstau bis auf eine Höhe erfolgt, welche das Auftreten von Zugspannungen an der Luftseite gerade verhindert. In der Folge dürfte dieser Stauspiegel nicht mehr unterschritten werden. Eine derartige Nutzung des Staubeckens ist aber sehr unwirtschaftlich und dürfte in der Praxis kaum Anklang finden. Der Wahl des Wertes der zulässigen Zugspannungen, welche einen nicht unwesentlichen Einfluß auf die Wirtschaftlichkeit des Bauwerks hat, kommt daher einige Bedeutung zu. So wurde bei der derzeit im Bau befindlichen Talsperre Catagunya (Tasmanien) eine Zugspannung von 14 kg/cm² bei leerem Becken als zulässig betrachtet.

Zur Kontrolle der Vorspannung wird bei der erwähnten Sperre der Zustand der Kabel durch elektrische Widerstandsmessungen in gewissen Zeitabschnitten ständig überwacht. Besonderes Augenmerk wurde auch der Vermörtelung der Spannglieder und dem Korrosionsschutz geschenkt. Diese Maßnahmen stellen ohne Zweifel einen beachtlichen Fortschritt dieser Bauweise dar. In technischer und wirtschaftlicher Hinsicht dürfte die Grenze der Anwendung vorgespannter Sperrenwerke derzeit bei 60 m Höhe liegen.

Grundlagen zur Bemessung. Bezeichnungen:

V_0 = Vorspannkraft zur Zeit $t = 0$ (vor Schwinden und Kriechen),

V_∞ = Vorspannkraft zur Zeit $t = \infty$ (nach Schwinden und Kriechen),

$$\omega = \frac{V_\infty}{V_0}.$$

Bei leerem Becken und der größten Vorspannkraft, also V_0, soll die zulässige Druckspannung an der Wasserseite $(\sigma_w)_{d,\text{zul}}$ und die zulässige Biegezugspannung an der Luftseite $(\sigma_l)_{z,\text{zul}}$ nicht überschritten werden. In der bei vollem Becken gedrückten Zone an der Luftseite kann eine Zugspannung in der Höhe von etwa $^1/_4$ der Biegezugfestigkeit, jedoch von höchstens 10 kg/cm^2 zugelassen werden; dabei ist nachzuweisen, daß bei Rißbildung die inneren Kräfte das Gleichgewicht sichern, ohne daß die zulässigen Betondruckspannungen überschritten werden.

Bei vollem Becken und der kleinsten Vorspannkraft, also V_∞, darf die wasserseitige Normalspannung nicht < 0 werden, d. h. $(\sigma_w)_d \geqq 0$; gleichzeitig darf an der Luftseite der Wert der zulässigen Druckspannung $\sigma_l \leqq (\sigma_l)_{d,\text{zul}}$ nicht überschritten werden.

Daraus folgen vier Bedingungen, die sich wie folgt anschreiben lassen:

$$(\sigma_w)_{\text{l.B.}} + (\sigma_w)_{v_0} \leqq \sigma_{d,\text{zul}}, \qquad (\text{II}/128/1)$$

$$(\sigma_l)_{\text{l.B.}} + (\sigma_l)_{v_0} \leqq \sigma_{z,\text{zul}}, \qquad (\text{II}/128/2)$$

$$(\sigma_w)_{\text{v.B.}} + (\sigma_w)_{v_\infty} \geqq 0, \qquad (\text{II}/128/3)$$

$$(\sigma_l)_{\text{v.B.}} + (\sigma_l)_{v_\infty} \leqq \sigma_{d,\text{zul}}. \qquad (\text{II}/128/4)$$

Darin und im folgenden werden die Abkürzungen l. B. und v. B. für die Bezeichnung des Zustandes leeres und volles Becken verwendet.

Nachweis der Gleitsicherheit. Die Berechnung der erforderlichen Vorspannkraft kann auf einfachem Weg wie folgt durchgeführt werden:

Berechnung der Normalspannungen in der Gründungsfuge bei leerem Becken ohne Vorspannung;

Berechnung der Normalspannungen in der Gründungsfuge bei vollem Becken ohne Vorspannung;

Berechnung der Normalspannungen in der Gründungsfuge für einen angenommenen praktischen Wert der Vorspannkraft, z. B. $V' = 1000 \text{ t}$.

Der Wert der erforderlichen Vorspannkraft ergibt sich aus Erfüllung der Bedingung $\sigma_w = 0$ bei vollem Becken,

$$(\sigma_w)_{\text{v.B.}} + \frac{V_\infty}{V'} (\sigma_w)_{v'} = 0, \qquad (\text{II}/129)$$

daraus

$$V_\infty = \frac{(\sigma_w)_{\text{v.B.}}}{-(\sigma_w)_{v'}} \cdot V' \qquad (\text{II}/130)$$

und somit

$$V_0 = \frac{V_\infty}{\omega}. \qquad (\text{II}/131)$$

Mit den so berechneten Werten von V_∞ und V_0 sind die übrigen Spannungen für die Lastfälle volles und leeres Becken nachzuweisen.

Zur Erläuterung mögen die Spannungsverhältnisse in der Gründungsfuge eines Dreieckprofils mit Kronenaufsatz durchgerechnet werden (Abb. II/74).

Angaben:

Mauerhöhe $h = 100$ m,
Kronenbreite $b_0 = 7,81$ m,
Basisbreite $b = 60$ m,
Abminderungsbeiwert des Sohlenwasserdrucks $\lambda = 0,85$,
Raumgewicht des Betons
$\gamma_b = 2,45$ t/m³.

Die Ergebnisse dieser im Sinne des Vorhergesagten durchgeführten Berechnung sind in Abb. II/74 wiedergegeben und mit denen für eine Mauer derselben Höhe ohne Vorspannung verglichen. Die Untersuchung kann natürlich nur als grobe Näherung betrachtet werden, da die dreieckförmige Grundform des Profils für eine vorgespannte Mauer unwirtschaftlich ist und mehrere maßgebende Querschnitte (höher gelegene Mauerhorizonte) untersucht werden müßten. Außerdem erleidet der Spannungszustand im Einspannbereich Störungen, die ebenfalls zu berücksichtigen wären. Trotzdem erlaubt das aufgezeigte einfache und anschauliche Verfahren, einen für die Praxis brauchbaren Überblick über das statische Verhalten des Bauwerks zu erhalten.

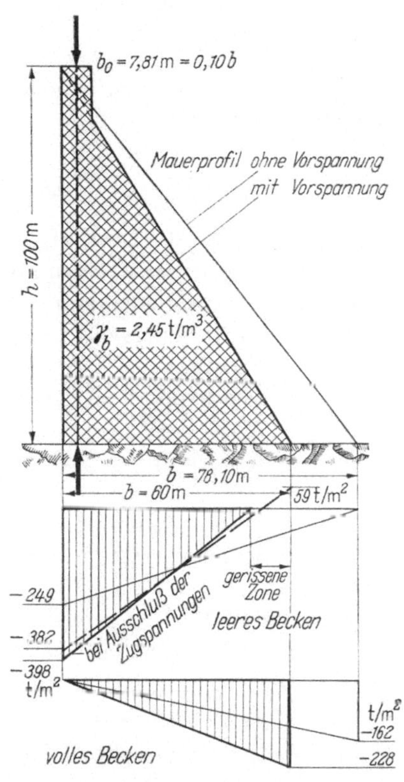

Abb. II/74. Dreieckförmige Staumauer mit und ohne Vorspannung. Normalspannungen σ_y in der Gründungsfuge

Für die einzelnen Lastfälle können in einfacher Weise folgende Werte der Normalspannungen an der Wasser- und Luftseite der Mauer berechnet werden:

	Normalspannungen	
	Wasserseite	Luftseite
Leeres Becken ohne Vorspannung	− 257 t/m²	+ 3 t/m²
Volles Becken ohne Vorspannung	+ 107 t/m²	− 276 t/m²
Vorspannung von 1000 t	− 60 t/m²	+ 27 t/m²

Gl. (II/130) auf das Beispiel angewendet ergibt:

$$V_\infty = \frac{(\sigma_w)_{\text{v.B.}}}{-(\sigma_w)_{v'}} \cdot V' = \frac{+107^{\text{t/m}^2}}{+60^{\text{t/m}^2}} \cdot 1000^{\text{t}} = 1780 \text{ t.}$$

Mit $\omega = 0{,}85$ erhalten wir die erforderliche Vorspannkraft in der Gründungsfuge zur Zeit $t = 0$.

$$V_0 = \frac{V_\infty}{\omega} = \frac{1780}{0{,}85} = 2100 \text{ t/lfd. m Mauer}.$$

Mit Bezug auf die Gln. (II/128/1—4) lassen sich die in der erwähnten Abbildung angegebenen Spannungswerte leicht bestimmen. Bei der Berechnung der nötigen Spannkraft an den Ankerköpfen (Verankerung) sind noch die Reibungsverluste des Kabels zu berücksichtigen. Die hier bestimmte Spannkraft ist infolge der beachtlichen Höhe der Mauer sehr groß, die Verwirklichung derselben dürfte einige Schwierigkeiten bereiten.

Aus dem Verlauf der Spannungsdiagramme ist zu ersehen, daß die Verteilung der Pressungen auf den Gründungsfels im Falle der Vorspannung keineswegs gleichförmiger wird als im Falle ohne Vorspannung und außerdem die Extremwerte der Spannungen größer werden. Die Anforderungen an Betongüte und Felseigenschaften sind daher bei vorgespannten Mauern größer als bei einfachen Gewichtsmauern.

Die Gleitsicherheit läßt sich nach Gl. (II/54) mit einem Reibungsbeiwert Beton auf Fels $\mu = 0{,}80$ und ohne Berücksichtigung der Haftung wie folgt berechnen:

Mauerscheibe mit Vorspannung:

$$\frac{T}{N} = \frac{\Sigma H}{\Sigma V} = \frac{5000^{\text{t}}}{5077^{\text{t}} + 1780^{\text{t}}} = 0{,}73; \quad n_{\text{gl}} = \mu \cdot \frac{N}{T} = \frac{0{,}80}{0{,}73} = 1{,}1.$$

Mauerscheibe ohne Vorspannung:

$$\frac{T}{N} = \frac{\Sigma H}{\Sigma V} = \frac{5000^{\text{t}}}{6260^{\text{t}}} = 0{,}80; \quad n_{\text{gl}} = \mu \cdot \frac{N}{T} = \frac{0{,}80}{0{,}80} = 1{,}0.$$

9. Zulässige Beanspruchungen und erforderliche Druckfestigkeiten des Massenbetons

Druckspannungen. Die Frage der Festlegung der zulässigen Druckbeanspruchungen eines Bauwerks in Massenbeton auf Grund von Druckversuchen und der damit verbundene Begriff der Sicherheit sind in letzter Zeit vielfach diskutiert worden und bilden den Gegenstand zahlreicher Veröffentlichungen. Eine eingehende Behandlung dieser Probleme im Zusammenhang mit den Bruchhypothesen liegt nicht im Rahmen dieser Arbeit.

Bis vor kurzem war es üblich, auch für den Beton von Talsperren die zulässigen Druckspannungen in Abhängigkeit von der Bruchfestigkeit, gemessen an Probekörpern, mit Hilfe eines konstanten, mehr oder weniger willkürlich gewählten Sicherheitskoeffizienten zu bestimmen; es ist dies ein Faktor, mit welchem die berechneten Spannungen zu multiplizieren sind. Dieser Sicherheitskoeffizient, meist mit 4 oder 5 angenommen, hat dem Umstand Rechnung zu tragen, daß die berechneten Größtspannungen nicht unbedingt mit den Bauwerksspannungen übereinstimmen, Zusatzspannungen infolge nicht berücksichtigter Nebenwirkungen auftreten und der ausgeführte Beton nicht immer die Mindestfestigkeit erreicht, die aus den Güteprüfungen vor und während der Bauausführung hervorgeht. In den letzten Jahren kristallisierte sich mit der zunehmenden industriellen Erzeugung des Betons eine klarere Auffassung des Begriffes der maßgebenden Festigkeit heraus, beruhend auf der Erkenntnis, daß es empfehlenswert ist, sich bei der Auswertung von Serienergebnissen der Güteprüfung von Massenbeton mathematisch statischer Methoden, unter Heranziehung der Wahrscheinlichkeitsrechnung, zu bedienen. Damit verbunden ergab sich ein neues Kriterium für die Wahl der Werte der Sicherheitskoeffizienten (Verhältnis der mittleren Betondruckfestigkeit zur größten im Bauwerk auftretenden, berechneten Druckspannung) in Abhängigkeit von der Streuung (mittlere quadratische Abweichung der Festigkeiten bezogen auf den arithmetischen Mittelwert der gemessenen Festigkeit). Aus den Auswertungsergebnissen der Güteprüfungen zahlreicher Baustellen geht hervor, daß diese Streuung bei einer gut geführten Baustelle zwischen den Grenzen 0,10 und 0,15 liegt. Auf Grund dieser Erkenntnisse, welche Schweizer Ingenieure bereits im Jahre 1950 bei der Planung der Sperren Mauvoisin und Grande Dixence beschäftigten, ist es derzeit in der Schweiz üblich, für eine mittlere Streuung von 0,12 folgende Sicherheitskoeffizienten (Verhältnis der mittleren Würfeldruckfestigkeit nach 90 Tagen zur berechneten maximalen Druckspannung) für den Massenbeton von Talsperren anzunehmen:

n_I = 4,2 für Hauptlastfälle (Normallastfälle); Spannungsberechnung nach dem klassischen Verfahren (Balkentheorie);

n_II = 2,8 für Ausnahmelastfälle (Katastrophenlastfälle); Spannungsberechnung nach dem klassischen Verfahren (Balkentheorie);

n_III = 2,2 für Ausnahmelastfälle und Berücksichtigung der Spannungsspitzen im Bereich der Mauerfußpunkte.

Die erforderlichen Druckfestigkeiten an der Berandung und im Inneren des Mauerblocks werden erhalten, indem die errechneten Spannungswerte mit dem jedem Lastfall zugehörigen Sicherheitskoeffizienten n_I, n_II oder n_III multipliziert werden. Mittels der erhaltenen Werte

lassen sich für jeden Mauerblock Linien gleicher erforderlicher Druckfestigkeiten zeichnen, die zur Bestimmung der Zementdosierung heranzuziehen sind. Um die Abgrenzung der Zonen verschiedener Zement-

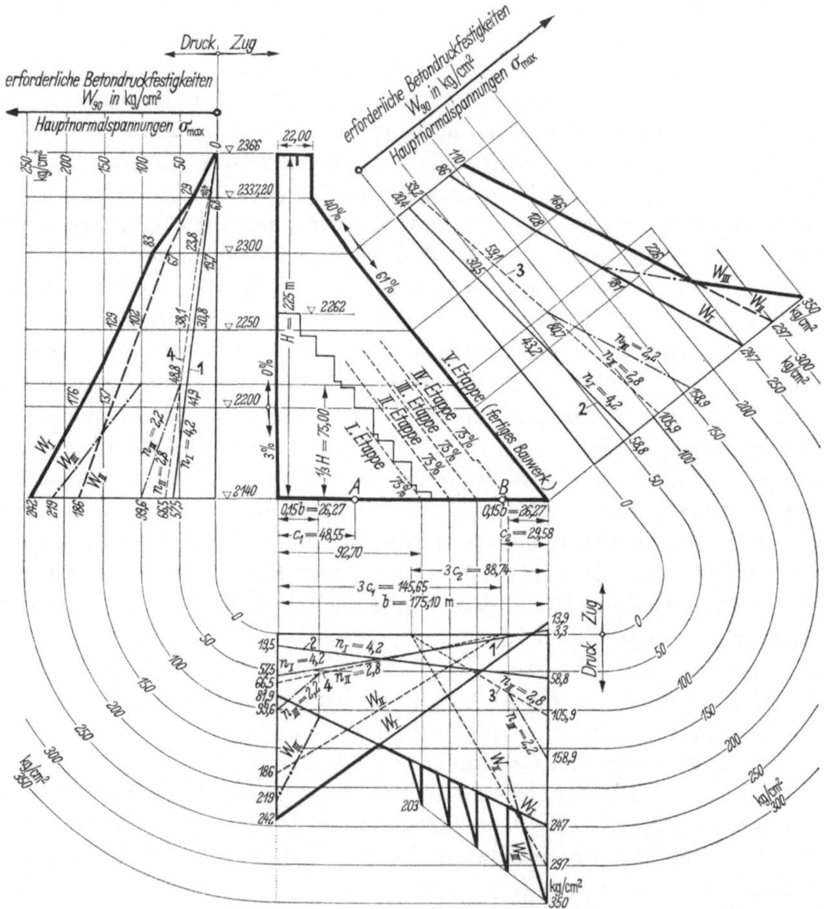

Abb. II/75. Staumauer Grande Dixence. Beispiel zur Bestimmung der erforderlichen Druckfestigkeiten des Betons

Lastfälle: *1* Leeres Becken; *2* Volles Becken: Beckenspiegel auf Kote 2365; *3* Volles Becken, horizontaler Bebenstoß in bergseitiger Richtung (Angriffspunkt der Resultierenden auf Mauerhorizont
2140 : Punkt *B*): Beckenspiegel auf Kote 2364; *4* Leeres Becken, horizontaler Bebenstoß in talaus-
wärtiger Richtung (Angriffspunkt der Resultierenden auf Mauerhorizont 2140 : Punkt *A*)

Sicherheitskoeffizienten:
für Hauptlastfälle (Lastfälle ohne Bebenwirkung): $n_I = 4,2$
für Ausnahmelastfälle (Lastfälle mit Bebenwirkung): $n_{II} = 2,8$
für Ausnahmelastfälle (Lastfälle mit Bebenwirkung) und Berücksichtigung der Spannungsspitzen im
Bereich der Mauerfußpunkte: $n_{III} = 2,2$

Erforderliche Betondruckfestigkeiten W_{90}:
für Lastfälle *1* und *2*: $W_I = n_I \cdot \sigma_{max} = 4,2 \cdot \sigma_{max}$ (Zustand I; Beton mit Zugfestigkeit)
für Lastfälle *3* und *4*: $W_{II} = n_{II} \cdot \sigma_{max} = 2,8 \cdot \sigma_{max}$ (Zustand II; Beton ohne Zugfestigkeit)
für Lastfälle *3* und *4*: $W_{III} = n_{III} \cdot \sigma_{max} = 2,2 \cdot \sigma_{max}$ (Zustand II; Beton ohne Zugfestigkeit)

dosierung nicht zu kompliziert zu gestalten, können für die Bestimmung der Bereiche der Spannungsspitzen folgende einfache Regeln empfohlen werden:

Die Hauptdruckspannungen am wasser- und luftseitigen Fußpunkt eines beliebigen Mauerblocks, berechnet nach der Trapezregel, sind um 50% zu erhöhen.

Die Verteilung der Hauptdruckspannungen über die Breite des Gründungshorizontes ist geradlinig anzunehmen; die um 50% erhöhten Werte in den Randpunkten nehmen auf einer Breite von 15% des Gründungshorizontes gegen das Innere zu linear ab, wo sie mit dem normalen Wert übereinstimmen.

Entlang den Außenflächen des Mauerblocks (Wasser- und Luftseite) werden die in den Randpunkten um 50% erhöhten Werte ebenfalls abgemindert; der normale Wert der Hauptspannungen wird auf Höhe des Mauerhorizontes im unteren Drittel der Höhe erreicht.

Abb. II/75 zeigt eine praktische Anwendung dieser Regeln an Hand eines Beispiels.

Eine Ausnahme hinsichtlich der Zementdosierung bilden die Maueraußenflächen und die Blockbegrenzungsflächen von Bauabschnitten (langandauernde Arbeitsfugen), welche durch einen besonders guten, dichten und frostbeständigen Beton auf eine festzulegende Tiefe (etwa 30 cm) zu schützen sind. Ferner ist unabhängig von den Spannungen für das Mauerinnere eine Mindestfestigkeit festzulegen (z. B. Würfelfestigkeit von 100 kg/cm² nach 90 Tagen) (s. Beispiel Abb. II/76).

Hierzu sei bemerkt, daß für Gewichtsstaumauern üblicher Höhen (etwa bis 150 m) die maximalen auftretenden Druckspannungen Werte von 40 bis 50 kg/cm² für Normallastfälle und 80 bis 90 kg/cm² für Ausnahmelastfälle erreichen und die geforderten Betonfestigkeiten ohne weiteres mit reichlicher Sicherheit beim heutigen Stand der Betontechnik verwirklicht werden können. Im Falle der außergewöhnlich hohen Sperre Grande Dixence ergaben sich für die größten Hauptdruckspannungen folgende Werte:

für Normallastfälle 75 kg/cm²,

für Ausnahmelastfälle 130 kg/cm².

Ferner haben an zahlreichen Staumauern ausgeführte Messungen ergeben, daß infolge der günstigen Konservierungsverhältnisse die Betonfestigkeiten des Staumauerbetons, gemessen an dem Bauwerk entnommenen Probekörpern, etwas über den Laboratoriumswerten liegen und die tatsächliche Druckfestigkeit des Betons im Bauwerk mit der an zylindrischen Probekörpern gemessenen besser übereinstimmt als mit jener von würfelförmigen.

11*

Während der Bauausführung ist die Betonerzeugung durch Güteprüfungen ständig zu kontrollieren. Gegebenenfalls ist die Zementdosierung, die bei der Planung auf Grund von Sicherheitszahlen für eine bestimmte Streuung (üblicher Wert $e = 0,12$) bestimmt wurde, zu ändern.

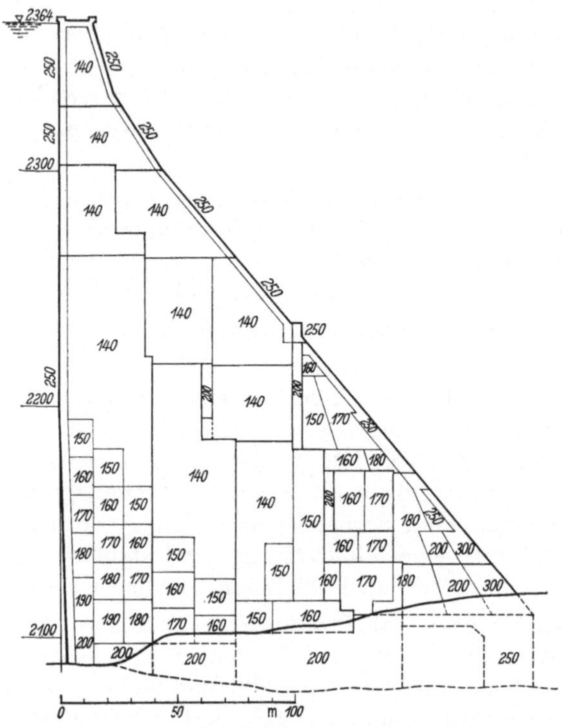

Abb. II/76. Staumauer Grande Dixence. Verteilung der Zementdosierung (Wasser- und Energiewirtschaft, 1961)

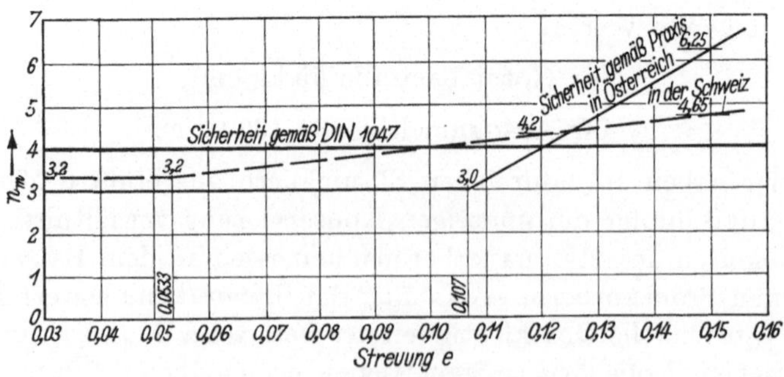

Abb. II/77. Auf den Mittelwert der Würfelfestigkeit bezogene Sicherheiten in Abhängigkeit von der Streuung

Abb. II/77 zeigt gebräuchliche Diagramme für die auf den Mittelwert der Würfeldruckfestigkeiten bezogenen Sicherheiten n_m in Abhängigkeit von der Streuung [*69, 76*].

Zugspannungen. Grundsätzlich sollen im Bauwerk bei normaler Beanspruchung (Hauptlastfälle) keine Zugspannungen auftreten, da die Biegezugfestigkeit des Betons nicht mit Sicherheit garantiert werden kann. Gewisse Ausnahmen, namentlich für Ausnahmelastfälle, sind jedoch zulässig (s. Abschn. II/B 2 und II/B 8).

Spannungen im Gründungsfels. Die zulässigen Spannungswerte im Gründungsfels sind auf Grund geeigneter Verfahren (s. Abschn. I/8) zu ermitteln. Sie dürfen keinesfalls überschritten werden, nötigenfalls sind Injektionen zur Verfestigung des Gesteins vorzunehmen.

10. Diskussion der Sicherheit des Bauwerks

Einen aufschlußreichen Einblick in die mit der Sicherheit von Talsperren verbundenen Fragen erhält man, wenn man die Ursachen von Mißerfolgen näher betrachtet. Diese sind in der Reihenfolge ihrer Wichtigkeit:

Unzulänglichkeiten in hydraulischer Hinsicht (fehlerhafte Abschätzung der größten Hochwassermenge, ungenügende Betriebssicherheit der Entlastungseinrichtungen usw.);

schlechte Beurteilung der tatsächlichen geologischen und hydrogeologischen Verhältnisse am Sperrenort und im Speicherbecken;

Mängel bei der Bauausführung;

unzureichende oder fehlerhafte Berechnung des Bauwerks;

unvorhersehbare Ereignisse, die den Bestand des Bauwerks gefährden.

Daraus lassen sich für ein entsprechendes Bauwerk Sicherheiten ableiten, die im ganzen gesehen die Gesamtsicherheit der Talsperre bestimmen. Es ist selbstverständlich, daß bei der Planung von Talsperren alle die Sicherheit des Bauwerks bestimmenden Faktoren eingehend untersucht werden müssen. Es würde über den Rahmen dieser Schrift hinausgehen, die Frage der Gesamtsicherheit von Talsperren im allgemeinen zu behandeln. Daher wollen wir uns im folgenden mit einigen mit der Sicherheit von Gewichtsstaumauern eng verbundenen Fragen von Berechnung und Ausführung befassen und uns dabei im wesentlichen auf den Mauerkörper und den Gründungsfels beschränken.

Auf Grund der theoretischen und praktischen Erkenntnisse der vorausgegangenen Abschnitte gelangen wir zu der Feststellung, daß wir heute in der Lage sind, die wesentlichsten Kraftwirkungen und die physikalischen Eigenschaften des Betons ziemlich zutreffend zu erfassen. Trotzdem bleiben gewisse Unsicherheiten bestehen, welche auf schwer erfaßbare Einflüsse, wie Temperaturänderungen, Eigenspannungen u.a., zurückzuführen sind. Bei richtiger konstruktiver Durchbildung des Bauwerks werden diese Unsicherheiten den Charakter von Nebenwirkungen haben und sich meist nur durch unangenehme, aber ungefährliche Rißbildungen bemerkbar machen. Wir wollen uns aus diesem Grunde etwas eingehender mit den in Gewichtsstaumauern des öfteren zu beobachtenden Rissen befassen.

Die Untersuchung des Spannungszustandes in einer Mauerscheibe mit Berücksichtigung der Baugrundverformung hat gezeigt, daß bei gefülltem Becken, namentlich in dem von der Einspannung beeinflußten unteren Mauerbereich, mit dem Auftreten von *Querrissen*, hervorgerufen durch Zugspannungen, zu rechnen ist (s. Abschn. 5f, S. 97). Die Gefahr eines Ablösens der Mauer vom Gründungsfels kann daher selbst bei sorgfältiger Ausführung und bei vorsichtiger Bemessung nicht ganz ausgeschlossen werden. Im Hinblick auf die Bedeutung des Bauwerks erscheint es angebracht, sich gegen diesen fiktiven Katastrophenfall zu sichern, zumal die daraus hervorgehenden Anforderungen meist nur geringe Verstärkungen der Mauer im Vergleich zur Gesamtkubatur bedingen. Sollte es zu einem Aufreißen der Gründungsfuge kommen, wird sich der Sohlenwasserdruck vergrößern und das Kippmoment eine Steigerung erfahren. Der entstehende Riß wird sich fortsetzen, bis sich in der Gründungsfuge ein neuer Gleichgewichtszustand ausbildet, wobei die Kraftübertragung nur durch Druck- und Schubspannungen erfolgt. Um die Standsicherheit der Mauer selbst in diesem äußerst ungünstigen Falle, bei welchem unzulässige und gefährliche Beanspruchungen in der Gründungsfuge für Beton und Fels auftreten können, zu garantieren, darf die Bemessung der Mauer auf Grund der beschriebenen Verfahren mit Hilfe der Balkentheorie nicht mit zu stark abgemindertem Sohlenwasserdruck vorgenommen werden (s. Abschn. II/B 2 und II/B 3).

Sinngemäß gilt das über die Gründungsfuge Ausgesagte auch für höher gelegene Mauerhorizonte, wo Druckwasser in eine mangelhafte Arbeitsfuge oder einen aus einem anderen Grunde entstandenen Horizontalriß eintreten kann. Im allgemeinen dürften höher gelegene Mauerhorizonte weniger gefährdet sein als solche, welche von der Umbildung des einfachen Spannungsbildes infolge der elastischen Einspannung des Bauwerks im Gründungsfels beeinflußt sind. Wie aus spannungsoptischen Versuchen deutlich hervorgeht, ist die Spannungsverteilung im Einspannbereich von der Baugrundelastizität stark abhängig. Der Einfluß der unvermeidlichen *Spannungskonzentration um die Fußpunkte eines Mauerblocks* auf die Querverteilung der Spannungen im Gründungshorizont wird, im Vergleich zu einer mit Hilfe der Trapezregel bestimmten, um so ausgeprägter sein, je „weicher" der Fels im Verhältnis zum Sperrenbeton ist.

Was die Gefährlichkeit der Spannungsspitzen am wasserseitigen Mauerfußpunkt bei vollem Becken betrifft, so kann dazu gesagt werden, daß diese als ungefährlich angesehen werden können, wenn ihr Bereich sehr eng begrenzt ist. Sollte es zu Rißbildungen kommen, verschwinden diese Zugspannungen; die Rißtiefe wird klein sein, da der Riß unmittelbar in eine allseits gedrückte Zone eintritt. Im Sinne der Sicherheit des Bauwerks ist daher anzustreben, an der Wasserseite des Mauerkörpers eine möglichst hohe Druckvorspannung durch Gewichtswirkung (oder Vorspannung) zu erzielen, damit die Zugzone um den wasserseitigen Fußpunkt klein bleibt. Die Einhaltung dieser Maßnahme ist wichtiger und wirksamer als eine eventuell vorgesehene Ausrundung der scharfen Ecke, die nur dann erfolgversprechend ist, wenn sie genügend groß angenommen wird. Die hohen Werte der Druckspannungen im Bereich des luftseitigen Fußpunkts können aus ähnlichen Überlegungen heraus als unbedenklich hingenommen werden, da selbst hohe Druckspannungen von etwa 120—130 kg/cm², wie sie sich bei hohen Staumauern in Ausnahmelastfällen ergeben können, beim heutigen Stand der Betontechnik dem Staumauerbeton bedenkenlos zugemutet werden können. Auch bei leerem Becken können die erhöhten Beanspruchungen im Bereich der beiden Mauerfußpunkte im Sinne des Vorhergesagten als ungefährlich angesehen werden. Somit kommt den Spannungskonzentrationen am wasser- und luftseitigen Mauerfuß bei richtiger Bemessung des Bauwerks nur sekundäre Bedeutung zu.

Die einheitliche Mauerwirkung kann außerdem noch durch die Auswirkungen chemisch-physikalischer Vorgänge, insbesonders durch Schwinden des Betons, beeinträchtigt werden. Das Rißbild wird bei einer risseanfälligen Mauer im allgemeinen sehr unregelmäßig sein. Ganz besonders zu beachten sind jedoch *Längsrisse* im Inneren des Mauerkörpers, welche sich häufig der Beobachtung entziehen. Erfahrungsgemäß steigen sie meist von der Gründungsfuge aus beinahe senkrecht hoch und haben daher auf den Kräfteverlauf einen äußerst nachteiligen Einfluß. Da Rißbildungen durch vorspringende Kanten und scharfe Ecken begünstigt werden, sind scharfe Übergänge, namentlich in der Gründungsfuge, tunlichst zu vermeiden.

Von großer Bedeutung ist auch der *Betoniervorgang* und die *Nachbehandlung des Betons*. Bei dem heute im allgemeinen immer gewünschten raschen Baufortschritt ist die Wasserkühlung des Betons beinahe zur Notwendigkeit geworden. Die natürliche Kühlung der Mauer durch Kühlspalten (Fugenspalten) ist zwar ebenfalls wirksam, wenn auch weniger, da die Innenbereiche des Blocks nicht gut erreicht werden; sie gelangt daher kaum mehr zur Anwendung, da sie auf den Arbeitsfortschritt hemmend wirkt. Trotzdem gelangen Kühlspalten, die oft noch die Rolle der Trennspalten übernehmen, zur Ergänzung der Wasserinnenkühlung zur Ausführung. Durch diese Maßnahme wird dem Beton vorzeitig Abbindewärme entzogen und damit bewirkt, daß die den Schwindvorgang einleitenden, ziemlich bedeutenden Eigenspannungen (Zugspannungen) sich noch zu einer Zeit einstellen, wo der Beton sich noch plastisch verformen kann. Wie die Erfahrung zeigt, sind damit keine nachteiligen Folgen für die Betongüte verbunden. Um die Wirkung dieser Maßnahmen nicht zu beeinträchtigen, dürfen die Blockabmessungen (maximaler Fugenabstand etwa 16—18 cm) nicht zu groß gewählt werden; bei größeren Abmessungen des Bauwerks sind auch Längsfugen anzuordnen.

Randabkühlungsrisse in horizontalen Anschlußfugen, die hauptsächlich an der Luftseite der Mauer, infolge Fehlens der Auflast, beobachtet wurden, haben in statischer Hinsicht zwar keine Bedeutung, wirken sich jedoch nachteilig auf die Wetterbeständigkeit der Außenflächen aus.

Zusammenfassend kann gesagt werden, daß der Nachbehandlung des Betons (Kühlung, möglichst langes Feuchthalten usw.) im Hinblick auf die Herabsetzung der Rißempfindlichkeit des Massenbetons wesentliche Bedeutung zukommt. Durch sorgfältige Anwendung künstlicher Kühlmaßnahmen scheint heute die Gefahr der Ausbildung von gefährlichen Längsrissen auf ein Mindestmaß herabgesetzt. Außerdem ist es noch möglich, Betonzusammensetzungen, Zementart und Einbringungsverfahren so zu wählen, daß die Abbindewärme an und für sich möglichst klein gehalten wird.

Für die Sicherung der einheitlichen Mauerwirkung ist es auch erforderlich, die *Gestaltung der Begrenzungsflächen* der Blöcke so vorzunehmen, daß im fertigen Bauwerk eine einwandfreie Kraftübertragung, insbesonders der Scherkräfte, gesichert erscheint. Naturgemäß bringt jede Fuge (Arbeits- oder Jahresabschlußfuge) sowohl in horizontaler als auch senkrechter Richtung Nachteile mit sich, die sich durch das Aufbetonieren von Frisch- auf Altbeton ergeben. Dieser Frage kommt bei hohen Sperrenwerken, wie sie heute zur Ausführung gelangen, weit größere Bedeutung zu als bei niedrigen, wo nur kleine Spannungen von einem Block zum anderen übertragen werden. Dieser Tatsache Rechnung tragend, wurde erstmalig beim Boulder-Dam eine Verzahnung in der Querrichtung und eine Verdübelung in der Höhenrichtung zur Ausführung gebracht. Bei der vor wenigen Jahren fertiggestellten Sperre Grande Dixence versuchte man die vertikalen Flächen der Blöcke mit einer Verzahnung (bei Vermeidung scharfer Ecken) zu versehen, welche sich dem Verlauf der Hauptspannungstrajektorien der wesentlichen Lastfälle möglichst anpaßt (s. Abschn. 6 b δ, S. 128). In diesem Sinne wurden auch die horizontalen Abschlußflächen der Blöcke ebenfalls mit einer Neigung von 10% ausgeführt. Eine einwandfreie Übertragung der

Scherkräfte scheint damit gesichert, da zur Aufrechterhaltung des inneren Gleichgewichts die Haftfestigkeit des Betons nicht beansprucht wird. Spannungsoptische Versuche erlaubten, einen Überblick über die Verhältnisse der Kraftübertragung zu erhalten, wenn die Verbindung von Block zu Block mangelhaft sein sollte.

Wesentliche Bedeutung für die Sicherheit des Bestandes der Mauer kommt auch dem *Programm der Stauhaltung* während der Bauausführung zu, da dieses den Spannungszustand im fertigen Bauwerk maßgeblich beeinflußt. Werden Zwischenstauhaltungen während der Bauausführung vorgesehen, so besteht insbesonders die Gefahr, daß die vom Eigengewicht der Mauer herrührenden Druckspannungen an der Wasserseite des fertigen Bauwerks stark abgebaut werden und damit die Gefahr der Ausbildung von Horizontalrissen sehr zunimmt. Ein Verfahren zur Untersuchung dieses Problems wurde in Abschn. II/B 6 dargelegt.

Die größte Gefahr für die Standsicherheit des Bauwerks liegt jedoch, wie einige Unfälle beweisen, in der möglichen *Erschöpfung des Scherwiderstandes* in der Gründungssohle oder in Bankungs- und Kluftflächen des Gebirges, hervorgerufen durch eine schlechte Qualität des Gründungsfelsens, durch die ungünstigen Folgen unzulässiger Stauhaltungen während der Bauausführung oder durch eine unsachgemäß ausgeführte Gründung der Sperre; ferner durch Zusammenwirken der erwähnten Umstände. Es ist daher nicht nur dem Bauwerk, sondern auch dem Gründungsfels höchste Aufmerksamkeit zu schenken. In jüngster Zeit brachte die Entwicklung auf dem Gebiete der Felsmechanik große Fortschritte zur Beurteilung des Verhaltens des Gebirges auf Grund statistischer Kontrollen (s. Abschn. I/8). Selbst bei einer an sich günstigen Struktur des Gebirges kann es vorkommen, daß das Sickerwasser bei ständiger Einwirkung auf das Gestein eine Aufweichung und Gefügeänderung im Fels auslöst, welche den festen Zusammenhang zwischen Mauer und Gebirge gefährdet. Diese Gefahren sind wesentlich größer als die statische Wirkung des Druckwassers. Stärkere Durchsickerungen sind daher unbedingt zu verhindern, geringere sind spannungsfrei abzuführen. Aus diesem Grunde ist das Bauwerk unbedingt mit den nötigen Einrichtungen zu versehen, die es erlauben, sein Verhalten ständig zu überwachen.

Literaturverzeichnis

a) Werke

[1] BOUSSINESQ, J.: Application des potentiels à l'étude de l'équilibre et du mouvement des solides élastiques, Paris 1885.

[2] CONTESSINI, F.: Dighe e traverse, Mailand: Cesare Tamburini 1953.

[3] COYNE, A.: Leçons sur les grands barrages, Paris 1943.

[4] CREAGER, W. P., J. D. JUSTIN and J. HINDS: Engineering for Dams, Vol. II, New York: John Wiley & Sons 1945.

[5] FORCHHEIMER, PH.: Hydraulik, 3. Aufl., Berlin/Leipzig 1930.

[6] GIRKMANN, K.: Flächentragwerke, 2. Aufl., Wien: Springer 1948.

[7] HOFFMANN, E.: Untersuchungen über die Spannungen in Gewichtsstaumauern aus Beton mit Hilfe von Messungen im Bauwerk. Dissertationsschrift, Karlsruhe 1933.

[8] HOFFMANN, O.: Permeaziono d'acqua e lore effetti nei muri di ritenuta, Mailand: U. Hoepli 1928.

[9] I. Internationaler Talsperrenkongreß, 5 Bände, Stockholm 1933.

[10] II. Internationaler Talsperrenkongreß, 5 Bände, Washington 1936.

[11] III. Internationaler Talsperrenkongreß, 3 Bände, Stockholm 1948.

[12] IV. Internationaler Talsperrenkongreß, 4 Bände, New Delhi 1951.

[13] V. Internationaler Talsperrenkongreß, 5 Bände, Paris 1955.

[14] VI. Internationaler Talsperrenkongreß, 5 Bände, New York 1958.

[15] VII. Internationaler Talsperrenkongreß, 5 Bände, Rom 1961.

[16] KAMMÜLLER, K.: Die Theorie der Gewichtsstaumauern, Berlin: Springer 1929.

[17] KELEN, N.: Die Staumauern, Berlin: Springer 1926.

[18] KELEN, N.: Gewichtsstaumauern und massive Wehre, Berlin: Springer 1933.

[19] KELEN, N.: Versuche zur Bestimmung des tangentialen Sohlenwiderstandes von Gewichtsstaumauern, Berlin 1933.

[20] KOZENY, J.: Hydraulik, Wien: Springer 1953.

[21] LAGINHA SERAFIM, J.: A subpressao nas barragens. Lisboa, Laboratorio nacional de engenharia civil, 1954.

[22] LELIAVSKY, S.: Uplift in Gravity Dams, London: Constable & Co. 1958.

[23] LINK, E.: Die Bestimmung von Querschnitten von Staumauern und Wehren aus dreieckigen Grundformen, Berlin: Springer 1910.

[24] NEMENYI, P.: Wasserbauliche Strömungslehre, Leipzig 1933.

[25] PRESS, H.: Stauanlagen und Wasserkraftwerke. I. Teil: Talsperren, Berlin: Wilhelm Ernst & Sohn 1953.

[26] Schweizerische Talsperrenkommission: Messungen, Beobachtungen und Versuche an Schweizerischen Talsperren. 1919—1945, Bern 1946.

[27] SOUTHWELL, R. V.: Relaxation methods in engineering science, Oxford: Clarendon Press 1940.

[28] SOUTHWELL, R. V.: Relaxation methods in theoretical physics, Oxford: Clarendon Press 1946.

[29] Stauanlagen: Richtlinien für den Entwurf, Bau und Betrieb. Teil I: Talsperren. DIN 19700, Bl. 1 (1953).

[30] TIMOSHENKO, S., et J. N. GOODIER: Théorie de l'élasticité, Paris et Liège: Ch. Béranger 1961.

[31] TÖLKE, F.: Talsperren. Bd. III/9 der Handbibliothek für Bauingenieure, Berlin: Springer 1938.

[32] United States Bureau of Reclamation: Treatise on Dams. Vol. X Design and Construction. Chap. 9 Gravity Dams, Washington 1950.

[33] VOGT, F.: Über die Berechnung der Fundamentdeformation, Oslo: Jacob Dybwad 1925.

[34] ZIEGLER, P.: Der Talsperrenbau, 3. Aufl., 3 Bände, Berlin: W. Ernst & Sohn 1925.

b) Aufsätze in Zeitschriften

[35] BASCH, A.: Proc. II. Internat. Conf. Soil Mechanics and Fond. Engineering, Rotterdam 1948.

[36] BASSEVITCH, A. Z.: Stress redistribution in the building and in heightening of concrete dams. VI. Internationaler Talsperrenkongreß, Bd. I, S. 779, New York 1958.

[37] BRAHTZ, J. H. A.: The Stress Function and Photoelasticity applied to Dams. Am. Soc. Civ. Eng. 1936, Paper No. 1949.

[38] COYNE, A.: Perfectionnement aux barrages-poids par l'adjonction de tirants en acier. Gén. Civ. II (1930) No 8.

[39] CZERNY, F.: Über die Standfestigkeit von Wehrpfeilern. Österr. Wasserwirtschaft 7 (1955) H. 4, S. 82/89.

[40] FECHT, H.: Über die Staumauern. Centralblatt der Bauverwaltung 9 (1889) S. 443.

[41] FILLUNGER, P.: Der Auftrieb in Talsperren. Österr. Wschr. f. d. öffentl. Baudienst 1913, H. 45.

[42] FILLUNGER, P.: Neuere Grundlagen für die statische Berechnung von Talsperren. Z. d. österr. Ing.- u. Arch.-Ver. 1914, S. 441.

[43] FILLUNGER, P.: Versuche über die Zugfestigkeit bei allseitigem Wasserdruck. Österr. Wschr. f. d. öffentl. Baudienst 1915, H. 29.

[44] FILLUNGER, P.: Auftrieb und Unterdruck in Talsperren. Zweite Weltkraftkonferenz, Berlin 1930. Gesamtbericht Bd. IX, S. 323.

[45] FRANK, J.: Sohlenwasserdruck bei Talsperren. Bauingenieur 27 (1952) H. 44, S. 127.

[46] HELLSTRÖM, B.: Influences causing Distortion in Gravity Dams. I. Internationaler Talsperrenkongreß, Bd. I, Stockholm 1933.

[47] JUILLARD, H.: Le développement de la construction des barrages-poids en Suisse. Wasser- und Energiewirtschaft 53 (1961) Nr. 6 u. 7.

[48] JUILLARD, H.: Observations des contraintes et déformations dans les barrages, leurs fondations et leurs appuis. VI. Internationaler Talsperrenkongreß, Bd. II, S. 1063, New York 1958.

[49] JURECKA, W.: Berechnung bogenförmiger Staumauern nach dem Lastaufteilungsverfahren. Österr. Bauzeitschrift 4 (1949) H. 11 u. 12.

[50] KIEL: Zur Berechnung von Wasserdruckmauern, insbesondere von Talsperren. Centralblatt der Bauverwaltung 9 (1889) S. 397.

[51] LARDY, P.: Über einige Untersuchungsmethoden mit besonderer Anwendung auf Gewichtsstaumauern bei nachgiebigem Baugrund. Schweiz. Bauzeitung 71 (1953) Nr. 9, S. 121ff.

[52] LEVY, M.: Sur l'équilibre élastique d'un barrage en maçonnerie à section triangulaire. Comptes rendus 1898, II.

[53] LIECKFELDT: Die Standfestigkeit von Staumauern mit offenen Lagerfugen. Centralblatt der Bauverwaltung 18 (1898) S. 105/111.

[54] LINK, E.: Die Erhöhung von Staumauern zum Zwecke der Vergrößerung ihres Stauinhalts. Wasserkraft und Wasserwirtschaft 1929, H. 23.

[55] MICHELL, J. H.: On the direct determination of stress in an elastic solid with application to the theory of plates. Math. Soc. Proc., London, 31 (1899).

[56] OPLADEN, K.: Spannungsnachweis bei Fugenwasserdruck und schiefer Biegung mit Längskraft in beliebigen Querschnitten. Bauingenieur 36 (1961) H. 7, S. 256.

[57] PANCHAUD, F.: Application de la précontrainte aux barrages-voûtes minces: Le barrage de Tourtemagne en Valais (Suisse). Sixième Congrès de l'Association internationale des Ponts et Charpentes, rapport No VI 3, Stockholm 1960.

[58] PRESS, H.: Gründung von Talsperren auf durchlässigem Baugrund. Bautechnik 33 (1956) H. 4, S. 134.

[59] PRESS, H.: Risse an Schwergewichtsmauern und ihre Verhinderung. Bauingenieur 24 (1949) H. 2, S. 44/48.

[60] RESCHER, O. J.: Calcul des sollicitations d'un barrage-voûte dans la zone d'encastrement des arcs. Bull. techn. Suisse rom. 89 (1963) No 3.

[61] RESCHER, O. J.: Talsperren im Kanton Wallis (Schweiz). Österr. Ingenieur-Zeitschrift 1 (1958) H. 8.

[62] RICHARDSON, L. F.: Phil. Trans. Roy. Soc., London, 210 (1909).

[63] SCHNITTER, G.: Theorien zur Berechnung von Staumauern und Staudämmen. Wasser- und Energiewirtschaft 48 (1956) Nr. 7/8/9.

[64] STINY, J.: Die Gründung von Stauwerken und die Wahl der Baustelle. Geologie und Bauwesen 1939.

[65] STINY, J.: Statik und Talsperrengeologie. Geologie und Bauwesen 20 (1953).

[66] STINY, J.: Staumauerbauweise und Baugrund. Österr. Bauzeitschrift 1947, H. 7/9.

[67] STUCKY, A.: Quelques problèmes relatifs aux fondations des grands barrages-réservoirs. Barrage du Mauvoisin et de la Grande Dixence. Bull. techn. Suisse rom. 80 (1954) Nos 21 et 22.

[68] STUCKY, A., F. PANCHAUD et E. SCHNITZLER: Contribution à l'étude des barrages-voûtes. Effet de l'élasticité des appuis. Bull. techn. Suisse rom. 76 (1950) Nos 7 (p. 81), 9 (p. 109), 12 (p. 149), 26 (p. 349).

[69] STUCKY, J. P.: Technologie et contrôle des barrages en béton. Bull. techn. Suisse rom. 82 (1956) No 19.

[70] SWIDA, W.: Über einige Anwendungsmöglichkeiten des Spannbetons im Talsperrenbau. Bautechnik 32 (1955) H. 6, S. 182/189.

[71] TERZAGHI, K.: Beanspruchungen von Gewichtsstaumauern durch das strömende Sickerwasser. Bautechnik 12 (1934) H. 29.

[72] TERZAGHI, K.: Die wirksame Flächenporosität des Betons. Z. d. österr. Ing.- u. Arch.-Ver. 86 (1934) H. 1/2.

[73] TÖLKE, F.: Der Einfluß der Durchströmung von Betonmauern auf die Stabilität. Ingenieur-Archiv II (1932).

[74] TÖLKE, F.: Sohlenwasserdruck in Staumauern. Bauingenieur 28 (1953) H. 8.

[75] TÖLKE, F.: Modellversuche zur Erforschung des Spannungszustandes in Talsperren. Bauingenieur 29 (1954) H. 6.

[76] TREMMEL, E., u. A. WOGRIN: Mathematisch-statistische Auswertung von Massenbeton. Bauingenieur 30 (1955) H. 1, S. 28/32.

[77] ZIENKIEWICZ, O. C.: The Stress Distribution in Gravity Dams. J. Instn. Civ. Eng., London, No 3, Jan. 1947.

Sachverzeichnis

Abbildungen von Staumauern